全国农民教育培训规划教材

设施蔬菜标准化生产技术

马金翠　张会敏　主编

U0298800

中国农业出版社

北　京

编审委员会

编写人员名单

中共十九大提出了实施乡村振兴战略的重大举措。加快农业现代化进程，实施乡村振兴，短板在农民，核心在农民素质，关键在教育，急切需要大力培育"有文化、懂技术、善经营、会管理"的高素质农民，大幅度提高农民科学种养水平。实践证明，教育培训是提高农民素质最直接、最有效的途径，也是高素质农民培育的基础工作和关键环节。同时，要想做好高素质农民培育工作，提高教育培训质量，需要有一系列规范性、实用性和针对性强的教材做支撑，为此，河北省农业农村厅依托河北省农业广播电视学校，利用河北省农业产业体系专家学者的技术优势、人才优势，组编本套农民教育培训专用教材，供各相关机构开展培训应用。

本套教材定位准确，技术先进，具有科学性、引领性、简易性；侧重应用性，弱化理论性，尽量避免专业性太强的术语，图文并茂，力求内容通俗易懂，达到"一看就懂，一学就会，一用就成"的效果。

《设施蔬菜标准化生产技术》是系列规划教材之一，适用于从事现代设施蔬菜产业生产经营者、农技推广人员。本教材共分八章，全面介绍了设施蔬菜产业发展、生产与经营全过程，包括我国设施蔬菜产业发展背景、蔬菜栽培设施的类型与装备、设施的环境特性及调控技术、设施蔬菜育苗技术、设施蔬菜标准化生产技术、无土栽培技术、设施蔬菜的连作障碍与病虫害绿色防控、设施蔬菜生产经营管理等，并配有知识链接、思考与训练，对于现代农业从业者具有很好的实用性和可操作性。同时，用二维码链接蔬菜实物图片，使读者更好地理解教材内容。

本教材如有疏漏之处，敬请广大读者批评指正。

编　者

2021 年 01 月

CONTENTS 目录

前言

第一章　设施蔬菜产业发展背景

第一节　我国设施蔬菜产业现状 ………………………………………… 1

第二节　我国设施蔬菜产业发展面临的问题及对策 ……………………… 2

　一、存在问题 ……………………………………………………………… 2

　二、发展对策 ……………………………………………………………… 3

第二章　蔬菜栽培设施的类型与装备

第一节　简易保护设施 …………………………………………………… 5

　一、风障畦 ………………………………………………………………… 5

　二、阳畦 …………………………………………………………………… 6

　三、温床 …………………………………………………………………… 6

　四、简易覆盖 ……………………………………………………………… 7

　五、小拱棚 ……………………………………………………………… 11

第二节　夏季保护设施 …………………………………………………… 12

　一、遮阳网 ……………………………………………………………… 12

　二、防虫网 ……………………………………………………………… 14

第三节　塑料大棚 ………………………………………………………… 16

　一、塑料大棚的类型 …………………………………………………… 16

　二、塑料大棚的结构 …………………………………………………… 18

　三、塑料大棚的性能 …………………………………………………… 21

第四节　日光温室 ………………………………………………………… 22

　一、日光温室的主要类型 ……………………………………………… 22

　二、日光温室的合理结构参数 ⋯⋯⋯⋯⋯⋯⋯⋯⋯⋯ 25

　三、日光温室的性能 ⋯⋯⋯⋯⋯⋯⋯⋯⋯⋯⋯⋯⋯⋯ 28

　四、日光温室的应用 ⋯⋯⋯⋯⋯⋯⋯⋯⋯⋯⋯⋯⋯⋯ 28

第五节　现代温室 ⋯⋯⋯⋯⋯⋯⋯⋯⋯⋯⋯⋯⋯⋯⋯⋯ 28

　一、现代温室的类型 ⋯⋯⋯⋯⋯⋯⋯⋯⋯⋯⋯⋯⋯⋯ 29

　二、现代温室的结构尺寸 ⋯⋯⋯⋯⋯⋯⋯⋯⋯⋯⋯⋯ 29

　三、典型的现代温室结构形式 ⋯⋯⋯⋯⋯⋯⋯⋯⋯⋯ 30

　四、现代温室的配套设备和应用 ⋯⋯⋯⋯⋯⋯⋯⋯⋯ 32

第六节　设施农业机械装备 ⋯⋯⋯⋯⋯⋯⋯⋯⋯⋯⋯⋯ 34

　一、智能化调控设备 ⋯⋯⋯⋯⋯⋯⋯⋯⋯⋯⋯⋯⋯⋯ 34

　二、设施耕耘机械 ⋯⋯⋯⋯⋯⋯⋯⋯⋯⋯⋯⋯⋯⋯⋯ 35

　三、设施灌溉机械 ⋯⋯⋯⋯⋯⋯⋯⋯⋯⋯⋯⋯⋯⋯⋯ 37

　四、设施喷药机械 ⋯⋯⋯⋯⋯⋯⋯⋯⋯⋯⋯⋯⋯⋯⋯ 39

　五、温室运输机械 ⋯⋯⋯⋯⋯⋯⋯⋯⋯⋯⋯⋯⋯⋯⋯ 39

　六、设施蔬菜采摘机械 ⋯⋯⋯⋯⋯⋯⋯⋯⋯⋯⋯⋯⋯ 40

第三章　设施环境的特性及其调控技术

第一节　温度特点及其调控 ⋯⋯⋯⋯⋯⋯⋯⋯⋯⋯⋯⋯ 45

　一、温室作物对温度的基本要求 ⋯⋯⋯⋯⋯⋯⋯⋯⋯ 45

　二、温室的热量平衡和散热途径 ⋯⋯⋯⋯⋯⋯⋯⋯⋯ 45

　三、保温与加温 ⋯⋯⋯⋯⋯⋯⋯⋯⋯⋯⋯⋯⋯⋯⋯⋯ 46

第二节　湿度特点及其调控 ⋯⋯⋯⋯⋯⋯⋯⋯⋯⋯⋯⋯ 51

　一、设施湿度环境特点 ⋯⋯⋯⋯⋯⋯⋯⋯⋯⋯⋯⋯⋯ 51

　二、设施湿度环境的调控 ⋯⋯⋯⋯⋯⋯⋯⋯⋯⋯⋯⋯ 51

第三节　光照特点及其调控 ⋯⋯⋯⋯⋯⋯⋯⋯⋯⋯⋯⋯ 54

　一、蔬菜作物生长对光照的要求特点 ⋯⋯⋯⋯⋯⋯⋯ 54

　二、设施光环境特征 ⋯⋯⋯⋯⋯⋯⋯⋯⋯⋯⋯⋯⋯⋯ 55

　三、设施光环境的调控 ⋯⋯⋯⋯⋯⋯⋯⋯⋯⋯⋯⋯⋯ 55

第四节　设施气体环境和调控 ⋯⋯⋯⋯⋯⋯⋯⋯⋯⋯⋯ 57

　一、气体对作物生育的影响 ⋯⋯⋯⋯⋯⋯⋯⋯⋯⋯⋯ 57

　二、设施内二氧化碳的变化特征 ⋯⋯⋯⋯⋯⋯⋯⋯⋯ 58

　三、二氧化碳施肥技术 ⋯⋯⋯⋯⋯⋯⋯⋯⋯⋯⋯⋯⋯ 58

第四章　设施蔬菜育苗技术

第一节　穴盘育苗 …………………………………………………… 63
　　一、穴盘育苗的优点及流程 ……………………………………… 63
　　二、穴盘育苗的种子处理 ………………………………………… 63
　　三、穴盘育苗的基质及其处理 …………………………………… 65
　　四、穴盘育苗的营养液配方与管理 ……………………………… 66
　　五、穴盘育苗的生产技术 ………………………………………… 67
第二节　嫁接育苗 …………………………………………………… 72
　　一、嫁接育苗的意义 ……………………………………………… 72
　　二、嫁接育苗的方法 ……………………………………………… 73
　　三、嫁接育苗的管理 ……………………………………………… 77
第三节　苗期病虫害绿色防控 ……………………………………… 79
　　一、苗期主要病害的绿色防控 …………………………………… 79
　　二、苗期主要虫害的绿色防控 …………………………………… 84

第五章　设施蔬菜标准化生产技术

第一节　瓜类蔬菜 …………………………………………………… 89
　　一、设施黄瓜生产技术 …………………………………………… 89
　　二、设施西葫芦生产技术 ………………………………………… 93
　　三、设施西瓜生产技术 …………………………………………… 97
　　四、设施厚皮甜瓜生产技术 ……………………………………… 101
第二节　茄果类蔬菜 ………………………………………………… 104
　　一、设施番茄生产技术 …………………………………………… 104
　　二、设施茄子生产技术 …………………………………………… 107
　　三、设施甜（辣）椒生产技术 …………………………………… 111
第三节　设施豆类蔬菜 ……………………………………………… 117
　　一、设施菜豆生产技术 …………………………………………… 117
　　二、设施荷兰豆生产技术 ………………………………………… 122
第四节　根茎叶菜类蔬菜 …………………………………………… 125
　　一、设施莴苣栽培技术 …………………………………………… 125
　　二、设施西洋芹菜栽培技术 ……………………………………… 127

三、设施韭菜栽培技术 ·············· 129
第五节 芽苗菜 ······················· 133
一、芽苗菜的种类 ·················· 133
二、芽苗菜的生产 ·················· 133
第六节 特种蔬菜设施栽培 ·········· 140
一、樱桃番茄设施栽培 ············ 140
二、樱桃萝卜设施栽培 ············ 141
三、抱子甘蓝设施栽培 ············ 142
四、紫甘蓝设施栽培 ·············· 144
五、羽衣甘蓝设施栽培 ············ 145
六、香椿设施栽培 ·················· 146

第六章　无土栽培

第一节 无土栽培的类型与分类 ····· 154
一、无土栽培的概念 ·············· 154
二、无土栽培的分类 ·············· 154
第二节 营养液的配制与管理 ······· 154
一、营养液配制常用的水源 ······· 155
二、营养液配制用的肥料及辅助物质 ·· 156
三、营养液的配制技术 ············ 157
四、营养液的管理 ················ 160
第三节 常用水培设施管理技术 ····· 165
一、深液流技术 ·················· 165
二、营养液膜技术 ················ 171
三、浮板毛管技术（FCH） ········ 175
第四节 固体基质栽培以及管理 ····· 176
一、无土栽培基质的选用原则 ····· 176
二、常用基质的类型 ·············· 177
三、常用基质栽培生产设施及管理 ·· 178

第七章　设施蔬菜的连作障碍与病虫害防控

第一节 设施蔬菜连作障碍 ·········· 183

一、设施蔬菜的连作障碍产生的原因 ……………………… 183

二、设施蔬菜连作障碍的防控措施 ………………………… 184

第二节　设施蔬菜病虫害绿色防控 …………………………… 185

一、瓜类蔬菜病害防治 ……………………………………… 185

二、茄果类蔬菜病害防治 …………………………………… 190

三、葱蒜类蔬菜病害防治 …………………………………… 194

四、白菜类蔬菜病害防治 …………………………………… 194

五、常见设施蔬菜虫害防治技术 …………………………… 196

第八章　设施蔬菜生产经营管理

第一节　设施蔬菜生产基地建设 ……………………………… 200

一、生产基地环境条件要求 ………………………………… 200

二、基地的合理建设与养护 ………………………………… 202

第二节　蔬菜市场预测 ………………………………………… 202

第三节　设施蔬菜生产计划制定 ……………………………… 203

一、市场调研 ………………………………………………… 203

二、设施蔬菜栽培计划 ……………………………………… 204

第四节　设施蔬菜效益核算 …………………………………… 205

一、设施蔬菜成本核算 ……………………………………… 205

二、设施蔬菜收入核算 ……………………………………… 206

三、设施蔬菜经济效益核算 ………………………………… 206

第五节　设施蔬菜营销 ………………………………………… 207

一、市场分析 ………………………………………………… 207

二、产品决策 ………………………………………………… 207

三、价格制定 ………………………………………………… 209

四、促销方式 ………………………………………………… 210

主要参考文献 ………………………………………………… 213

第一章
设施蔬菜产业发展背景

第一节 我国设施蔬菜产业现状

设施蔬菜是指利用一些特定的设施，对蔬菜生长的局部环境进行改造，在一定程度上克服低温、强光、暴雨等外部环境因素对蔬菜生长的限制，实现反季节种植，增加蔬菜供应的种类，提高蔬菜的品质。设施蔬菜产业是一种高投入、高产出，劳动力、资金、技术密集型产业，在供应错季蔬菜瓜果，提供劳动就业岗位等方面，发挥着重要的社会作用。

20 世纪 80～90 年代，国家提出了"菜篮子工程"，借鉴和吸收国外的连栋温室蔬菜生产技术，自主研制出了新型高效节能的设施蔬菜技术体系与生产模式，自此，我国设施蔬菜产业进入了一个高速发展阶段，面积、产量均位居世界之首。2019 年中国蔬菜种植面积已突破 3 亿亩*，产量在 7 亿吨以上，产值 2 万亿元。其中设施蔬菜的面积、产量、产值比分别为 19.2%、26.4% 和 60.1%，有效保障了北方冬春淡季的蔬菜供应。《全国种植业结构调整规划（2016—2020年）》提出，统筹蔬菜优势区和大中城市"菜园子"生产，巩固提升北方设施蔬菜生产，稳定蔬菜种植面积。2020 年，蔬菜种植面积稳定在 3.2 亿亩左右，其中设施蔬菜达到 6 300 万亩。设施蔬菜的总产量也在逐年递增，已经成为蔬菜产业中的主力军。同时，我国设施蔬菜的总产值和出口数量居世界首位。

设施蔬菜产业的大力发展，缓解了我国淡季蔬菜供应紧张问题，同时实现了农民增收，推动了农村人口就业，蔬菜已成为中国实施乡村振兴及扶贫攻坚的支柱产业。

---

* 亩为非法定计量单位，1 亩≈667 米²。——编者注

第二节 我国设施蔬菜产业发展面临的问题及对策

设施农业在国民经济中的地位逐渐凸显，部分地区已成为支柱产业。然而，我国农业生产尤其是蔬菜发展面临着三方面挑战，即农作物产量不高，增产潜力很大；农产品品质不高，提质增效潜力很大；农业生产的投入和资源环境代价太高。蔬菜产业发展过程中存在的问题和不足，制约了我国蔬菜产业的进一步发展。

一、存在问题

1. 生产效率不高 我国蔬菜种植业自身具有一定的特殊性，设施蔬菜种植主要依靠人工，劳动强度较大，这直接导致了设施蔬菜的生产成本增加，效益偏低等问题的出现。据统计，在我国每人可以经营露地蔬菜4～5亩，设施蔬菜1～2亩，设施蔬菜平均产量4 553千克/亩，生产效益在0.1万～8万元/亩，这与设施蔬菜产业高度发达的国家和地区相比还存在较大差距（如：温室番茄的平均亩产量仅为荷兰的1/6）。而且，管理技术粗放，水肥利用率低，资源浪费严重，产量和效益波动较大。

2. 产品质量有待提高 我国设施蔬菜产品的外观和营养品质都有极大的提升空间。设施农业的高投入、高消耗模式已经对部分地区造成了一定的危害。土壤、地下水等受到污染，致使农产品质量安全受到影响。个别蔬菜产品的农药、硝酸盐等有害物质含量超标，曾出现过"毒韭菜""毒豇豆""毒生姜"等事件。设施蔬菜产业必须要建立完善的产品质量监督体系，以保证蔬菜的营养品质与安全性。但从目前来看，我国设施蔬菜产业的产品质量监督体系还不完善，菜农的质量安全意识还比较淡薄，这就对设施蔬菜产品的质量和安全性造成了较大的影响。

3. 设施农业技术装备有待提升 我国设施农业面积位居全球首位。然而，设施农业技术装备水平却远低于发达国家。以塑料薄膜为例，我国生产的塑料薄膜透光、无滴、抗老化等性能均低于国外，部分优质塑料薄膜依赖进口。其次，设施蔬菜生产的机械、调控设备简陋、缺乏标准、抵御灾害的能力差，环境调控能力低，大部分地区缺乏外源调控设备和措施，生产上多靠人工经验调控，机械化和自动化水平低。因此，提升我国在设施蔬菜生产的装备、设施环境管理调控技术、专用品种设施研发水平，是提质增效的重要抓手。

4. 生产标准化程度不高 在环境调控、栽培管理、灾害防控、资源利用等方面没有统一的操作规范，用药、施肥、灌水等缺乏统一标准，在一定程度上也影响产品质量和经济效益的进一步提升。

5. 设施生态环境有待改善 设施蔬菜栽培中由于盲目施用化肥等原因，引起设施内土壤酸化和次生盐渍化、硝酸盐污染地下水、重金属积累等问题日趋严重，制约了设施蔬菜生产效益的提高和土壤的可持续利用。

二、发展对策

1. 推进设施生态农业技术的运用 蔬菜产业要以绿色发展为导向，促进蔬菜生产由满足"量"的需求向注重"质"的需求转变，为社会提供更多优质安全的产品。在我国设施农业的发展过程中，涌现出了一些典型的生态农业技术和模式。一是合理利用太阳能、沼气能等能源，以沼渣、沼液为肥源，以有机肥料全部或部分替代化肥，以生物防治和物理防治为主要手段进行病虫害防治，提升了蔬菜的品质和安全性。二是种养结合，不仅能够减少农药、化肥的投入，而且能增加作物产量，改善农产品品质。因此，必须转变发展方式，加大生态农业技术模式推广力度，以县域落地、全国示范、全球样板的方式实现提质增效、绿色发展。

2. 加强温室关键设备和技术研发 园艺栽培设施有向大型化、智能化方向发展的趋势。随着设施蔬菜机械化程度日益提升，装备逐渐向自动化控制方向发展。加快机械化和设施装备升级、发展生产性社会化服务体系，可以更好地解决一家一户办不到、办不好的问题。

3. 提高设施蔬菜产业集约化水平 设施蔬菜的集约化生产能够有效降低生产成本，提高种植效益。设施蔬菜生产的集约化主要包括：生产装备集约化、种子集约化和幼苗集约化。未来设施蔬菜必将趋于生产规模化、蔬菜种类齐全化、品质特色化、经营模式生态化，设施蔬菜服务体系将日益健全。

当前，虽然我国设施蔬菜产业总体生产规模较大，但生产者大多为个体农户，无论是生产效率还是利润空间都比较小，不利于设施蔬菜产业的长远发展。因此，政府部门要发展和支持龙头企业、专业合作社、家庭农场、种植大户等新型经营主体，大力提高规模化生产能力。同时，建立标准化的生产体系，使生产效率、产品竞争力能够进一步提升，并为整个设施蔬菜产业的转型升级打好基础。

4. 制定设施农业技术标准和规范 我国地域辽阔，气候环境复杂多样。在发展设施蔬菜生产的过程中，不能盲目引入其他国家或地区的技术和设备。应根据当地自然气候特点、社会经济发展水平和未来发展趋势，制定区域性建设标准和生产规范，引导设施农业的良性发展。如我国 2015 年发布的《种植塑料大棚工程技术规范》和 2016 年发布的《农业温室结构荷载规范》等，对指导不同区域的设施农业高效发展具有重要作用。

5. 促进设施蔬菜育苗专业化、产业化　近年来，随着设施蔬菜栽培的发展，对高品质蔬菜种苗的需求逐年增加，传统育苗方式存在诸多问题。而工厂化育苗具有节种节能、省工省力、增加茬口、抗灾减灾、提高土地利用率等特点，成为促进蔬菜产业健康快速发展的关键环节。

6. 完善上下游产业链　设施蔬菜产业的发展需要进一步完善各级各地的蔬菜产地信息和批发市场信息采集分析系统建设，建立专家会商制度，支持发展多种形式的产销对接新渠道、新模式，有助于加强市场信息交流，促进产销衔接。因此，我国农业部门和地方政府要通过政策引导，完善设施蔬菜的上下游产业链，如基于电子商务平台建立高效的设施蔬菜流通体系，规范设施蔬菜相关技术设备生产，解决蔬菜的产后自动分选、运输冷藏处理等环节。

7. 规范设施农业用地标准和用途监管　设施农业用地具有其特殊性，建筑特性倾向于建设用地，而生产特性更倾向于农业用地。但曾出现过一些以旅游、餐饮等为目的的设施农业，影响了我国农业土地的可持续利用。近年来，国家连续出台了相关政策文件，提出要合理界定设施农用地范围，控制设施农业中附属设施用地和配套设施用地的面积，加强设施农业用地标准的规范指导，加强设施农业用地合理布局与监督，推动设施农业的持续健康发展。

小知识

新型农业生产经营主体

新型农业生产经营主体，强调的是"新"，是在农村新出现的生产经营模式，主要是指在完善家庭联产承包经营制度的基础上的有文化、懂技术、善经营、会管理的高素质农民和大规模经营、较高的集约化程度和市场竞争力的农业经营组织。主要包括专业大户、家庭农场、农民合作社、农业产业化龙头企业。

思考与训练

1. 发展设施蔬菜产业的意义是什么？

2. 设施蔬菜产业主要存在那些问题？如何解决？

第二章

蔬菜栽培设施的类型与装备

蔬菜栽培设施是指专为作物提供生长发育空间场所的结构物，常具有透明覆盖物，如温室、大棚等。它能在局部范围改善或创造出适宜蔬菜生长的环境条件。随着社会经济发展，栽培设施结构和功能由简单到复杂，由低级到高级不断发展。

第一节 简易保护设施

简易保护设施是一类简单的设施，如稻草覆盖、砂石覆盖、芦帘遮阳、风障与风障畦、阳畦与温床等。简易保护设施具有结构简单、成本低、建造方便、功能多样等特点，多为临时性设施。主要用于园艺作物的育苗和矮秆作物的季节性生产。

一、风障畦

1. 结构 风障是冬春季节用竹竿、木杆等做骨架材料，用高粱秸、芦苇等做挡风材料，在栽培畦北侧，东西向扎成的一道挡风屏障，高 2~2.5 米，也叫防风障、围篱。带有风障的栽培畦称为风障畦（图 2-1）。

2. 性能和应用 减弱风速，使风障前气流稳定，提高地温和气温，降低蒸发量，形成适宜小气候条件。主要应用于北方地区，如幼苗安全越冬，春播蔬菜提前播种，提早果菜定植期等，以利于提前上市。

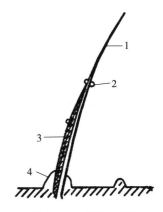

图 2-1 大风障畦结构
1. 篱笆 2. 横腰 3. 披风 4. 土背

二、阳畦

1. 结构 又叫冷床，由风障畦发展
而来的，是将风障畦的畦埂增高，成为
畦框，在畦框上覆盖塑料薄膜，并在薄
膜上加盖不透明保温覆盖物（图 2-2）。

2. 性能和应用 除具有风障的效应
外，白天可以大量吸收太阳光热，夜间
可减少地面辐射强度，保持畦内较高的
畦温和土温。在北方地区主要用于耐寒
性蔬菜越冬栽培，春提前和秋延后栽培
喜温果菜，以及蔬菜育苗。

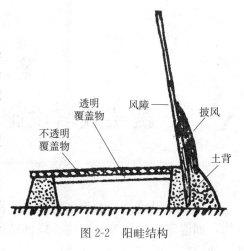

图 2-2 阳畦结构

三、温床

温床是在阳畦的基础上改进的保护
地设施。它除了具有阳畦的防寒保温作用以外，增加了酿热加温、水暖加温及电
热加温等人工措施来补充日照温度的不足。

1. 酿热温床

（1）结构。在阳畦的基础上，在床土下面铺酿热物来提高床内的温度。温床
的床框结构和覆盖物与阳畦一样（图 2-3），一般床长 10～15 米，宽 1.5～2 米，
并且在床底部挖成鱼脊形，以使温度均匀。酿热物有马粪、新鲜厩肥、各种饼
肥、牛粪、猪粪、作物的秸秆等。一般播种床的酿热物厚度要大于 30 厘米，移

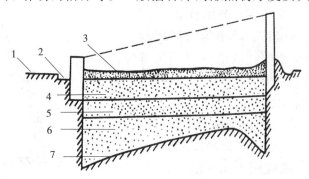

图 2-3 酿热温床结构
1. 地平面 2. 排水沟 3. 床土 4. 第三层酿热物
5. 第二层酿热物 6. 第一层酿热物 7. 干草层

植床的酿热物厚度是15～20厘米。

（2）性能与应用。酿热温床南框部位温度最低，所以酿热物填充最厚，北框部位次之，中部最薄，这样可以在一定程度上消除畦面不同部位温度的差异。需注意的是酿热物应是没有发酵的新鲜状态，保持一定的含水量（约70％）与通气性、维持约10℃的温度，以利于酿热物分解放热。酿热温床集放风、防寒、保温和发热于一体，常用于各种喜温蔬菜和花卉的育苗或栽培。

2. 电热温床

在床土下面铺设电热加温线进行加温。

（1）结构。电热温床一般是在阳畦、小拱棚、大棚或温室内的育苗床或栽培床下挖一床框，依次铺设隔热层、布线层，并在其中布设电热加温线，上覆床土而成。隔热层材料可用稻糠、稻草、麦秸、木屑、马粪等（图2-4）。

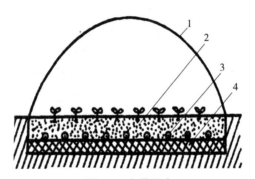

图 2-4　电热温床
1. 小棚　2. 床土 5～15厘米　3. 电热加温线　4. 隔热层

一般床宽1.3～1.5米，长度依需要而定，床底深15～20厘米。

（2）性能与应用。利用电热线把电能转变为热能进行土壤加温，可自动调节温度，能保持温度均匀，提高土温和气温，设备费用较低，且热效率高，在我国冬春季园艺作物快速育苗中广为应用。

四、简易覆盖

简易覆盖是在植株、畦面或近地面覆盖，用来防寒保温或防暑降温的一种保护设施，类型多样。

1. 砂田覆盖　西北干旱地区栽培西瓜和甜瓜时，在土壤的表面盖一层卵石或者小石子。具有增温保温、防止风蚀土壤和水分蒸发，是旱地西瓜、甜瓜稳产丰产的有效措施。砂田覆盖与地膜覆盖相比，优点是下雨之后水分能很快渗入地下。

2. 秸秆、马粪等覆盖　北方地区对越冬韭菜、菠菜等在土壤封冻前，畦面盖上树叶、秸秆、马粪等达到防冻的目的。南方地区夏季利用山草、稻草、秸秆或芦帘等覆盖菠菜、花卉，遮阳降温、防旱保墒、防高温强光，促进夏播作物的幼苗出土和喜冷凉不耐热作物安全越夏。

3. 纸袋、泥瓦盆覆盖 中原地区常用，霜冻之前用纸帽、泥瓦盆等覆盖植株起到保温作用，防止作物被冻。

4. 地膜覆盖

（1）应用。采用地膜覆盖栽培，可以促进种子萌发，延长生育期，获得早熟丰产。地膜覆盖是简易保护设施，常在我国早春和晚秋的蔬菜瓜果生产中使用，一般比露地栽培增产30％～40％，现已成为我国生产上常用的实用技术。

（2）种类。一是无色透明地膜。这种地膜出现时间最早、应用范围最广。最常用的是以聚乙烯或生化分解性树脂为原料生产的地膜，分为有滴膜和无滴膜两种。有滴膜无色透明，透光性好，膜内温度高，适用于春秋两季使用，常用于水稻育秧及茄子、甜椒、西瓜等喜温作物。但有滴膜的膜内容易形成雾滴，会影响透光。无滴膜中含有亲水物质，覆盖后膜内表面水滴连接成水膜，沿膜流下，也称为流滴膜。无滴膜透光率高，膜内外温差大，使用效果比有滴地膜好，膜内湿度相对较小。透明地膜因透光性好，土壤增温效果明显，早春可使耕层土温增温2～4℃，适用于东北、华北等低温、寒冷的干旱与半干旱地区。但透明地膜容易生杂草，所以在铺膜前最好喷洒除草剂。

二是有色地膜。不同颜色的地膜对太阳光谱有不同的反射与吸收规律，因而对作物和害虫有不同程度的影响。黑色膜：优点是透光率低，膜下杂草因缺光无法生长。缺点是对土壤的增温效果不如透明膜，并且地膜更容易老化。黑色地膜适用于夏季栽培，在蔬菜、棉花、西瓜、花生等作物上均可应用。银灰色条带膜：在透明或黑色地膜上，纵向均匀分布有6～8条2厘米宽银灰色条带，除具有一般地膜性能外，还具有避蚜、防病毒病的作用。由于银灰色膜反光性比较好，蚜虫对银灰色光有很强的反趋向性，这种膜比全部银灰色避蚜膜成本明显降低，且避蚜效果好。黑白双面膜：乳白色向上，有反光降温作用，黑色向下，有灭草作用，主要用于夏秋蔬菜抗热栽培，厚度为0.02～0.025毫米。

三是特种地膜。分解性地膜：可以分为光降解膜和生物降解膜。光降解膜中加入一定量的"促老化材料"，这种地膜经过一定时间后，能自行降解掺混于土壤中；生物降解膜是指以废旧纸浆、植物秸秆等为原料生产的可降解地膜。分解性地膜降解速度从2个月至1年不等，这种地膜没有普通塑料薄膜那样的废弃物污染环境的问题，但价格是普通塑料地膜的2～4倍。除草膜：在薄膜制作过程中掺入除草剂，覆盖后单面析出除草剂达70％～80％，膜内凝聚的水滴溶解了除草剂后滴入土壤，杂草触及除草剂时被杀死。有孔膜：一种情况是地膜上有圆形孔，孔径及孔数排列根据栽培作物的株行距要求进行。另一种情况是，在普通地膜上用激光打出微孔，每平方米打200、400或800孔，以增加地膜透气性，防止膜下二氧化碳含量过高。

（3）地膜覆盖的效应。一是对土壤环境的影响。可以提高膜下土壤温度，减少水分蒸发，保持土壤湿度，改良土壤性状，提高土壤肥力及肥料利用率，防止土壤中的盐分在表层积累，为作物创造有利的土壤条件；二是对近地面小气候的影响。地膜能够增加反光，反射光进一步被作物利用从而增强光能利用率，同时抑制土壤水分蒸发。在温室大棚内进行地膜覆盖，可以有效降低空气的湿度，防止空气湿度过大而诱发病害；三是对蔬菜等园艺作物生育的影响。地膜覆盖可以促进种子发芽出土及加速营养生长，增强作物的抗逆性，促进植株发育和提高产量，同时能促进果实着色和提高品质。另外，采用地膜覆盖可以有效防除杂草，节省劳力，减少除草剂的使用，利于提高品质。同时，地膜覆盖大大降低土壤蒸发消耗水分，达到节水抗旱的目的。

（4）地膜覆盖的方式。地膜覆盖具有多种形式，北方旱作区通常以平畦或高垄覆盖居多，南方多雨地区则以高畦覆盖为主。

①高畦覆盖。平地起垄后，合并两垄作成高畦，待平整畦面之后再进行覆膜。常用的适宜规格是：畦高是10～15厘米，畦面宽65～70厘米，畦底宽100厘米。高畦覆盖优点是保温、保湿效果好，增温快，增产显著，适合机械化作业。缺点是灌水、施肥较难，渗水不充分，容易出现畦心干及中后期脱肥、作物早衰等问题（图2-5）。

图 2-5　高畦地膜覆盖（单位：厘米）（张振武，1995）
1. 幼苗　2. 地膜　3. 畦面　4. 压膜土　5. 灌水沟

②平畦覆盖。平地做低畦覆盖地膜，在四周畦埂上压土，适合生长期较短、喜湿、浅根性的速生或部分宿根菜栽培（图2-6）。

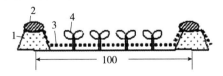

图 2-6　平畦地膜覆盖（单位：厘米）（张振武，1995）
1. 畦埂　2. 压膜土　3. 地膜　4. 幼苗

③沟畦覆盖。又称改良式高畦栽培，在高畦中部开两个沟，在沟底定植秧苗，上部覆盖地膜，当幼苗长高碰到地膜时，可将地膜划十字孔引苗，并使顶面的地膜降至沟内土面。前期保温防霜冻，后期便于灌水（图2-7）。

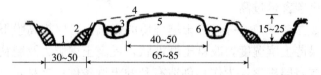

图2-7　沟畦地膜覆盖（单位：厘米）（张振武，1995）
1.畦埂　2.压膜土　3.幼苗　4.地膜　5.畦面　6.定植沟

④垄作覆盖。平底起垄后直接单垄或双垄覆盖，50厘米宽，10厘米高，在垄沟两边压土。

在温室大棚内采用地膜覆盖，一般要在施足底肥基础上推广膜下滴灌供水供肥技术。为取代传统的人力作业，现在已经有地面覆盖机械及塑料薄膜卷收机械可供使用，配合具有穿孔打洞功能的移植机可以简单地进行秧苗移植。考虑环保要求，环境友好型、无污染、无公害的新型地膜材料的研发和应用逐渐受到重视。

5. 无纺布覆盖　与农膜覆盖相比，无纺布覆盖除了具有相同的透光、保温、保湿功能以外，还具有透气性、吸湿性的特点，并且质量轻、柔软、富有弹性，可以直接覆盖在作物植株上，而代替传统的秸秆等覆盖物，目前主要应用于冬春寒冷季节，保护越冬作物或者早春和晚秋作物免受霜冻危害。采用无纺布覆盖，技术简单实用、省工省力、投资少、效益高，其废弃物便于收集处理。

（1）种类。无纺布按照每平方米重量的不同可以分为薄型、厚型和加厚型。一般无纺布的规格主要有15、20、30、40、60、80克/米^{2}等类型，一般20～30克/米^{2}的薄型无纺布透水率和通气度较大、质量轻，可用于露地浮面覆盖及小拱棚、大棚、温室内浮面覆盖，也可用于大棚、温室内保温幕，夜间起保温作用，可提高气温0.7～3.0℃。40～50克/米^{2}大棚用无纺布透光率低、遮光率较大，质量较重，一般用作大棚、温室内保温幕，也可代替草帘套盖在小棚外，加强保温作用，这类大棚用无纺布还适于夏、秋季遮阳育苗及栽培。加厚型无纺布（100～300克/米^2）代替草帘、草苫，与农膜一起进行温室、大棚内的多层覆盖和园艺设施的外覆盖材料。据研究，覆盖大棚用无纺布比覆盖草帘保温效果显著，而且比草帘重量轻，管理方便，可望实现机械化或半机械化揭盖。无纺布一般使用寿命为3年。

无纺布依颜色可以分为白色、黑色、黄色、绿色等，通常以白色为主，黑色的地面覆盖可以防杂草。

（2）主要覆盖方式

①浮面覆盖。包括露地、小棚内、大棚内、温室内浮面覆盖多种方式。如下图所示，均具有保温防寒、除湿防潮、防虫等功能（图2-8）。

②外覆盖保温。替代传统的草帘覆盖在小棚外层作为保温材料，省工省力（图2-9）。

③大棚或小棚二重覆盖。用于内保温幕、除湿幕。例如大棚、温室的二重保温幕，或者小棚膜的内衬膜，既能保温，又能降低湿度，减少病害的发生（图2-10）。

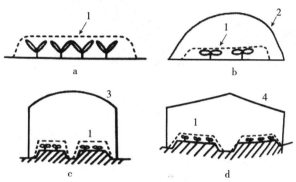

图2-8　无纺布浮面覆盖

a. 露地　b. 小棚　c. 大棚　d. 温室

1. 无纺布　2. 小棚　3. 大棚　4. 温室

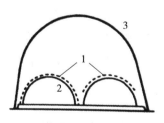

图2-9　厚无纺布覆盖代替草帘

1. 无纺布　2. 小棚　3. 大棚

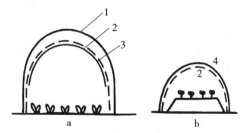

图2-10　无纺布二重覆盖

a. 大棚二重幕覆盖　b. 小棚膜下衬无纺布二重覆盖

1. 大棚膜　2. 无纺布　3. 简易支架　4. 小棚膜

五、小拱棚

小拱棚是小型塑料拱棚的简称，全国各地分布广泛，因小拱棚结构简单，体型小，成本低，管理方便，具有保温、放风的功能，适宜大面积推广，主要用于蔬菜瓜果的春提早、秋延后及防雨栽培，也可用于蔬菜花木的育苗。

1. 结构　采用毛竹片、细竹竿、荆条或直径 6～8 毫米的钢筋弯成弓形拱架，各拱架之间用竹竿和 8 号铁丝连在一起，骨架上覆盖 0.05～0.1 毫米厚的聚氯乙烯（聚乙烯）薄膜，外用压杆或压膜线固定薄膜。小拱棚通常宽 1～3 米，高 0.5～1.5 米，长 10～30 米，拱杆间距 50～100 厘米。

2. 类型　根据拱杆形状将小拱棚分为拱圆形、半拱圆形和双斜面型（图 2-11）。

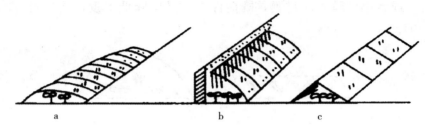

图 2-11　小拱棚的几种类型
a. 拱圆形　b. 半拱圆形　c. 双斜面形

3. 小拱棚的应用　一是春提早、秋延后或越冬种植耐寒性蔬菜。由于小棚可以覆盖草苫防寒，因而与大棚相比，早春可以提前栽培，晚秋可以延后栽培，有些蔬菜可用小棚保护越冬。二是春提早定植果菜类蔬菜。三是早春育苗。采用早春单独育苗或与大棚、日光温室配合育苗。

第二节　夏季保护设施

夏季保护设施是指在夏秋季节使用，具有减少阳光辐射、减少水分蒸发，或具有防雨、风、虫等作用的一类保护设施。主要包括遮阳网、防雨棚、防虫网。

一、遮阳网

夏季温度较高，为防高温障碍，菜农常采用遮阳的方法来降低棚内的温度。实际生产中，有的覆盖黑色、银灰色遮阳网降温；有的往棚膜上泼泥浆、洒墨汁降温。其中应用最多的是遮阳网。

遮阳网是采用聚乙烯等材料，经紫外线稳定剂及防氧化处理，以及添加防腐剂、抗老化剂加工而成，通过调节网眼大小、间隙和颜色，可达到不同程度的遮光和通风效果。它的特点是抗拉性强、耐老化、耐腐蚀、耐辐射、轻便、便于铺卷，操作省力，一年内可重复使用 4～5 次。

1. 种类　遮阳网按照颜色分为黑色和银灰色，也有绿色、白色和黑白相间种类。依折光率分为 25％～45％、35％～55％、45％～65％、55％～75％ 4 种规格，应用最多的是 35％～55％两种规格的黑网和银灰网。宽度为 90、150、160、200、220 厘米。

2. 性能

（1）削弱光强、改变光谱成分。使用遮阳网可显著降低进入设施内的光照强度，避免了强光对作物的危害。遮光效果以黑色遮阳网遮光率最大，其次是绿色和银灰色。散射光透过率高，黑色和银灰色网基本上不影响透过的光谱成分，绿色网红橙光吸收量较大。

（2）降低地温、气温和叶温。一般降低地温 4～6℃，最大 12℃，气温下降 2～3℃，地中 5 厘米地温下降 6～10℃。叶温平均降低 2～3℃。降温效果与天气关系大，室外气温达 35℃以上时，65％～70％的黑色网降温效果 8～13℃，室外气温达 30～35℃时降温效果 3～6℃，气温不超过 30℃，降温效果小。

（3）减少田间蒸散量。采用遮阳网覆盖可有效减少土壤水分蒸发和植物蒸腾损失。一般比露地减少 1/3～2/3，有利于保持室内湿度，减少灌溉次数，提高水分利用效率。

（4）防暴雨冲刷和台风袭击。覆盖遮阳网后可使雨水冲击力降为陆地的 1/50，减弱风速 2/3。因此可以避免暴风雨等对植株的冲击损害，防止雨后倒苗，压苗。

（5）避虫防病。据广州市调查，当地菜心用小拱棚银灰网覆盖栽培，避蚜效果达 88％～100％，菜心花叶病毒防效达 90％～96％，增产幅度为 67％～143％。同时还可防止果菜日灼伤。

3. 应用

（1）夏季覆盖育苗。用于夏季蔬菜育苗是最常见的应用方式。南方的秋冬季蔬菜，如甘蓝类蔬菜、芹菜、大白菜、莴苣等都在夏季高温期育苗，遮阳网覆盖育苗，有利于培育优质苗。方法是去除镀锌钢管大棚的裙膜，在天幕上再覆盖遮阳网，称为一网一膜法，其下进行穴盘育苗或者移苗假植。

（2）伏菜覆盖栽培

①露地浮面覆盖。小白菜、菜心等播种、镇压、浇水后，将黑色遮阳网直接覆盖在畦面上，四周用土块固定好。3～4 天齐苗后揭网。此法省工、省水，不怕苗期遇暴雨（图 2-12）。

②塑料棚覆盖。在大棚或者小棚顶部覆盖，根据天气情况合理揭盖，防止高温、高湿，实现秋、冬菜夏种，丰富夏季蔬菜品种。

③春夏菜延后覆盖栽培。通常 6—7 月收获的大棚甜椒、辣椒、茄子等，通

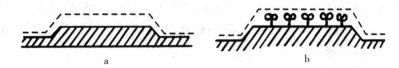

图 2-12　遮阳网浮面覆盖
a. 播种后至出苗前　b. 定植后至活棵前

过遮阳网覆盖降温栽培，可以防止早衰，延长收获期至 8—9 月。

④秋菜覆盖保苗。秋季播种的蔬菜在早秋播种和定植时，恰逢高温季节，对播种出苗和幼苗生长不利。如果对直播的蒜苗、萝卜等播后进行浮面覆盖，对早秋定植的早甘蓝、花椰菜、芹菜等，定植后活棵前进行浮面覆盖或矮平棚覆盖，均可显著提高效果，增加产量。

⑤制种、栽培等。遮阳网可以用来延长辣椒杂交制种期，以及用于夏季草菇、香菇等食用菌的栽培。

二、防虫网

防虫网是以高密度聚乙烯或聚氯乙烯为主要原料，经拉丝编织而成的一种形似窗纱的新型覆盖材料，具有抗拉强度大，抗紫外线，耐腐蚀、耐老化等性能。我国夏季特别是南方地区气候温暖，害虫繁殖与活动猖獗，利用防虫网覆盖栽培能有效防止虫害的发生，是实现夏季蔬菜无公害栽培的有效措施之一。

1. 品种　以单位面积的目数表示（每 2.54 厘米的长度内编织 20 条纤维称 20 目）。分为 16、20、24、30、40 目，宽度有 100、120、150 厘米，丝径有 0.14～0.18 毫米等数种。使用寿命一般为 3～4 年，色泽有白色、银灰色、绿色等。其中以 16、20、24 目最常用。

2. 主要覆盖方式

（1）大棚覆盖。最普遍的覆盖形式，由数幅网缝合覆盖在单栋或连栋大棚上，全封闭式覆盖，内装微喷灌水装置。

（2）立柱式隔离网状覆盖。用高约 2 米的水泥柱（葡萄架用）或钢管，做成隔离网室，种植小白菜等叶菜，面积为 500～1 000 米^2。

3. 覆盖性能

（1）防虫。依害虫大小选择合适的网目。一般 20～24 目即可防止蚜虫、小菜蛾等进入。

（2）防暴雨和冰雹。

（3）其他性能。顶部结合用黑色遮阳网，能够遮光、增湿，夏季有降温效果，对光谱没有影响。此外，还有一定的防风和防霜作用。

4. 应用 在大棚覆盖条件下，利用立柱支撑张挂防虫网，有效减少化学农药使用量，是生产无公害蔬菜的有效方法。生产中以规格为22目的银色防虫网为宜。网目太稀阻挡不住害虫的侵入，网目太密会影响菜畦内的通风透气条件。在气温高时，可在防虫网顶部加盖遮阳网降温，保留两侧的防虫网通风换气，效果更好。

5. 注意事项

（1）盖网前进行一次土壤消毒，杀死土中残留的病虫，减少网内病虫来源。

（2）防虫网要完全封闭，一盖到底，四周不要留有缝隙，以免害虫进入危害。

（3）施足底肥。如种植生长期短的小青菜、小白菜等，在施足基肥后，可以不再施追肥。

（4）选用适宜网目，注意空间高度，夏季温度高要结合遮阳网覆盖，或者安装简易环流风扇，使网内空气流动，防止高温高湿导致热害死苗。

（5）网内铺设喷滴灌管道，随时给土壤补水，防止干旱，减少进入网内灌水操作。

▼ **小知识**

如何科学合理选择遮阳网？

1. 要确定遮阳网的颜色。例如，番茄是喜光作物，只要满足11～13个小时的日照时间，植株就会生长健壮，且开花较早。但光照强度与产量和品质直接相关。番茄生长所需的光照强度为3万～7万勒克斯，一般夏季中午光照强度为9万～10万勒克斯。黑色遮阳网遮光率可达70%，使用黑色的遮阳网，光照强度达不到番茄的正常生长需求，易引起徒长，光合产物积累不足。银灰色遮阳网的遮光率40%～45%，光照透过率在4万～5万勒克斯，可满足番茄的正常生长需求。所以番茄最好覆盖银灰色遮阳网。

2. 要区分遮阳网的材质。目前市场上销售的遮阳网有两种材质，一种是高密度聚乙烯添加色母粒和防老化母粒经过拉丝编织而成，另一种则是用回收的旧遮阳网或塑料制品进行再加工制成的。据了解，用回收料生产的遮阳网不仅光洁度较低，手感硬，多具有刺鼻气味，使用寿命多为1年。而高密度聚乙烯遮阳网抗老化，耐用，使用寿命为4年。

第三节 塑料大棚

通常不用砖石结构围护，只以竹、木、水泥或钢材等材料做骨架，覆盖以塑料薄膜的全面透光的拱形或屋脊型保护设施，称为塑料薄膜大棚，简称为塑料大棚，也称为冷棚。相对的，温室被称作暖棚。

一、塑料大棚的类型

通常按拱架所使用的材料不同分为以下几种类型。

1. 竹木结构大棚 一般跨度为 12～14 米，高 2.6～2.7 米，以 3～6 厘米粗的竹竿为拱杆，拱杆间距 1～1.1 米，每一拱杆由 6 根立柱支撑，立柱用木杆或水泥预制柱。优点是建筑简单，拱杆有多柱支撑，比较牢固，建筑成本低。缺点是立柱多造成遮光严重，且作业不方便。

2. 悬梁吊柱竹木拱架大棚 是在竹木大棚的基础上改进而来的，中柱由原来的 1～1.1 米一排改为 3～3.3 米一排，横向每排 4～6 根。用木杆或竹竿作纵向拉梁把立柱连接成一整体，在拉梁上每个拱架下设一立柱，下端固定在拉梁上，上端支撑拱架，通称"吊柱"。

3. 拉筋吊柱大棚 拉筋吊柱大棚一般跨度 12 米左右，长 40～60 米，高 2.2 米，肩高 1.5 米。水泥柱间距 2.5～3.0 米，水泥柱用直径 6 毫米钢筋纵向连接成一个整体，在拉筋上穿设 20～25 厘米长吊柱支撑拱杆，拱杆用 3 厘米左右的竹竿，间距 1 米，是一种钢竹混合结构。夜间可在棚上面盖草帘（图2-13）。

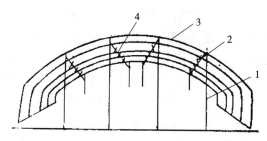

图 2-13 拉筋吊柱大棚（单位：米）
1. 水泥柱 2. 吊柱 3. 拱杆 4. 柱筋（拉筋）

4. 无柱钢架大棚 无柱钢架大棚一般跨度为 10～12 米，高 2.5～2.7 米，每隔 1 米设一道桁架，桁架上弦用 16 号、下弦用 14 号的钢筋，拉花用 12 号钢筋焊接而成，桁架下弦处用 5 道 16 号钢筋做纵向拉梁，拉梁上用 14 号钢筋焊接两个斜向小立柱支撑在拱架上，以防拱架扭曲（图 2-14）。可做成装配式以便于拆卸。

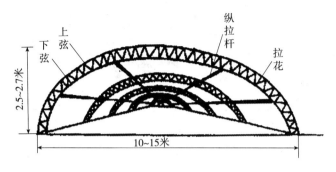

图 2-14　无柱钢架大棚

　　5. 装配式镀锌薄壁钢管大棚　装配式镀锌薄壁钢管大棚（图 2-16）跨度一般为 6～8 米。高 2.5～3 米，长 30～50 米。用 1.2～1.5 毫米厚的薄壁钢管制作成拱杆、拉杆、立杆（两端棚头用），钢管内外镀锌可以延长使用寿命。用卡具、套管连接棚杆组装成棚体，薄膜用卡膜槽固定。此种棚架组装拆卸、覆膜方便。棚内空间较大，无立柱，两侧有手动式卷膜器，作业方便（图 2-15）。

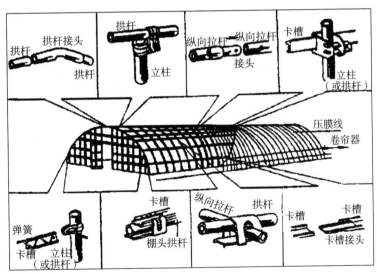

图 2-15　装配式镀锌薄壁钢管大棚（王惠水，1981）

小知识

盖苫钢结构塑料大棚的应用与实践

　　盖苫塑料大棚是指棚膜外覆盖稻草苫、保温被的塑料大棚。从骨架材料上说，一般包括全钢结构、竹木结构、钢木混合结构等类型。在河北省邯郸市高新产业经济开发区设施蔬菜基地利用全钢结构盖苫大棚，跨度分别为 10 米和14.6 米，比不盖草苫的普通大棚提早定植 30～40 天，特别在果菜类秋延后栽培和叶菜越冬栽培有较大优势，成本降低，经济效益明显提升。以双卷帘对称式全钢盖苫大棚为例，其立面如图 2-16，实景如图 2-17。

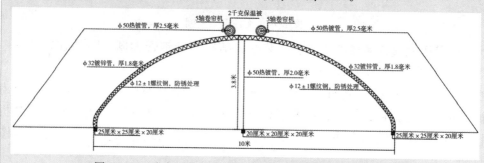

图 2-16　双卷帘对称式跨度 10 米全钢盖苫大棚（南北走向）

图 2-17　双卷帘对称式跨度 14.6 米和跨度 10 米全钢盖苫大棚实景

二、塑料大棚的结构

　　塑料大棚由立柱、拱架（拱杆）、纵梁（拉杆）、压杆或压膜线等部件与门组成，其中拱杆、拉杆、压杆、立柱俗称 3 杆 1 柱。以竹木结构为例，各部分如图2-18 所示。大棚 3 杆 1 柱是一个统一的整体，由于建造材料不同，骨架构件的结构也不同。骨架各部分应紧密、牢固相接，以达到受力均匀，能承受风、雪等自然力量的冲击，提高抵抗自然灾害的能力。

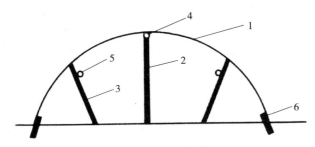

图 2-18　竹木大棚骨架
1. 拱杆　2. 中立柱　3. 侧立柱　4. 顶拉杆　5. 侧拉杆　6. 水泥基柱

1. 拱架　拱架是支撑棚膜的骨架，是塑料大棚承受风、雪荷载和承重的主要部件，按构造不同，主要有单杆式和桁架式两种式样。

（1）单杆式。竹木结构、水泥结构塑料大棚和跨度小于 8 米的钢管结构塑料大棚的拱架基本为单杆式，也称拱杆式。竹木结构塑料大棚的拱杆大多采用宽 4～6 厘米的竹片或小竹竿在安装时再弯曲成形。

钢筋玻璃纤维增强水泥结构、装配式镀锌钢管结构塑料大棚的拱杆为了便于制造和运输，其拱杆均由可拆装且对称的一对拱杆组成，中间采用螺栓连接或套管式接头承插连接（图 2-19）。

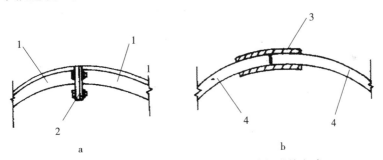

图 2-19　水泥结构域钢管结构拱杆的中间连接方式
a. 螺栓紧固连接　b. 承插连接
1. 水泥拱杆或镀锌钢管　2. 螺栓螺母　3. 套管式中间接头

（2）桁架式。跨度大于 8 米或 10 米的钢管结构塑料大棚，为保证结构强度，其拱架一般制作成桁架式，圆拱形桁架由上弦拱杆、下弦拱杆和腹杆构成（图 2-20）。腹杆两端分别与上下弦拱杆焊接连成一体。

2. 纵梁　纵梁是保证拱架纵向稳定，使各拱架连接成为整体的构件。纵梁也有单杆式和桁架式两种形式。

单杆式纵梁也叫纵拉杆，在各种结构塑料大棚中普遍应用。竹木结构塑料大棚的纵拉杆主要采用直径 40～70 毫米的竹竿或木杆。水泥和钢管结构塑料大棚

主要采用直径 20 毫米或 25 毫米、壁厚为
1.2 毫米的薄壁镀锌管或 21 毫米、26 毫米的
厚壁焊接钢管制造。

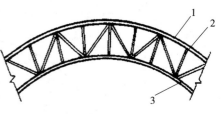

图 2-20　桁架式拱杆
1. 上弦拱杆　2. 腹杆　3. 下弦拱杆

3. 立柱　拱架材料断面较小，不足以承
受风、雪荷载；或拱架的跨度较大，棚体结
构强度不够时，则需要在棚内设置立柱，直
接支撑拱架和纵梁，以提高塑料大棚整体的
承载能力。

竹木结构塑料大棚大多设有立柱，材料
主要采用直径 50～80 毫米的杂木或截面为
80 毫米×80 毫米、100 毫米×100 毫米的钢
筋混凝土桩。钢筋玻璃纤维增强水泥结构塑
料大棚的跨度为 8 米、10 米、12 米时，也
需要设置中间立柱，其断面为 150 毫米×
150 毫米左右。

4. 山墙立柱　即棚头立柱，常见的为直
立型，在多风强风地区则适于采用圆拱型和
斜撑型（图 2-21）。后两种山墙立柱对风压
的阻力较小，同时抵抗风压的强度大，棚架
纵向稳定度高，但其自身结构或与其关联的
门的结构比较复杂，材料用量较大。

除水泥结构塑料大棚基本采用直立型山
墙立柱外，竹木结构和钢管结构塑料大棚则
三种形式都有。

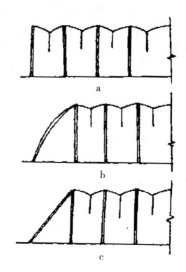

图 2-21　山墙立柱的形式
（亢树华，1993）
a. 直立型　b. 圆拱型　c. 斜撑型

5. 骨架连接卡具　塑料大棚的骨架，各部分之间的连接固定，除了竹木结构
塑料大棚采用线绳或铁丝捆绑外，装配式镀锌钢管结构塑料大棚和钢筋玻璃纤维
增强水泥结构塑料大棚均由专门预制的卡具连接，使用方便、拆装迅速、固定可靠。

6. 门　棚门设在大棚的一端，作为出入口和通风口。棚门的形式有合页门、
吊轨推拉门等。在寒冷季节，门口外面还可留简易缓冲间，以避免开门时冷风进
入造成大幅度降温。单栋大棚的门一般设在中央，门框高度为 1.7～2 米、宽度
0.8～1 米。为了保温，棚门可开在南端。气温升高后，为加强通风，可在北端
再开一扇门。大棚的通风多采用在两幅薄膜的重叠处扒缝放风，或将大棚薄膜四
周间隔一段距离揭开一个通风口放风、降温、排湿，一般不另设通风窗。连栋大

棚应设立通风口进行通风、降温。为了减少建棚投资，也可在门口吊挂草帘或棉帘代替门。为防止害虫侵入，通风口、门窗均可覆盖20～24目的防虫网。

7. 天沟 天沟是在连栋大棚的连接处的槽状积水设计，可将雨水汇集并排走。天沟应有一定坡度，以防止积水，集水槽不可过大、过重，以避免增加大棚的负荷。

三、塑料大棚的性能

1. 温度 一是大棚有明显的增温效果。冬季与夏季相比日照时数少，太阳光照度较弱，因此白天增温少，昼夜温差一般在10～15℃；夏季白天增温显著，昼夜温差在20℃以上。二是大棚存在棚温逆转现象。在没有多层保温覆盖的塑料大棚中，日落后的降温速度往往比露地快，如再遇冷空气入侵，常出现棚内气温反而低于棚外气温的现象，这称为棚温逆转现象。春季出现棚温逆转造成的危害较大，大棚内棚温逆转的时间可持续8～12小时，持续时间越长，温差越大，一般逆转温度可达0.2～2.9℃。三是大棚内的局部温差。白天中部温度高，北部偏低。夜间中部略高，南北两侧偏低。低温的变化与气温相比有明显的滞后现象。

2. 光照 大棚内的光照强度与薄膜透光率、太阳高度、天气状况、大棚方位和结构等均有一定关系。一般情况下，大棚内的光照强度为外界自然光照的40%～60%。东西方向的大棚比南北方向的大棚透光率高，但光照分布的均匀度低，南侧为50%，北侧为30%。

建棚所用的材料影响透光情况。双层棚与单层棚相比，受光量减少1/2左右，钢架大棚受光条件较好，仅比露地减少28%，竹木结构棚因立柱多，受光量减少37.5%。

塑料薄膜的透光率因质量不同有很大差异。最好的薄膜透光率可达90%，一般为80%～85%，较差的在70%左右。使用过程中老化变质、灰尘和水滴的污染会降低透光率，这样透光率减少50%左右。因此，在大棚生产期间要防止灰尘污染和水滴聚集，必要时要刷洗棚面，使用新型的耐老化无滴膜，会大大提高透光率，延长薄膜使用年限。

3. 湿度 由于薄膜气密性强，棚内水分蒸发和植物蒸腾的水分常使得棚内空气湿度很高。如不进行通风，白天相对湿度可以达到80%～90%，夜间可达到100%，因此大棚内必须通风排湿、中耕、灌水，防止出现高温多湿、低温多湿等现象。大棚内适宜的空气相对湿度，白天为50%～60%，夜间在80%左右，空气湿度过大易引发病害。

4. 应用 主要用于园艺作物的冬春季和夏季育苗；蔬菜花木的春提早、秋延后栽培或从春到秋的长季节栽培（南方地区夏季去掉裙膜，换上防虫网，再覆盖遮阳网）；果树主要用作促成、避雨栽培。

第四节 日光温室

日光温室是以透明塑料薄膜覆盖的坐北朝南，东西向延伸采光的节能型栽培设施。北面墙体等围护结构具有保温、蓄热的功能，靠采光蓄热和减小散热，基本不加温，成功实现我国北方地区冬春季节喜温蔬菜和花卉的生产与供应。

一、日光温室的主要类型

日光温室由三面围墙、后屋面、前屋面和保温覆盖物四部分组成。其主要类型有长后坡矮后墙式、短后坡高后墙式、琴弦式、钢竹混合结构式、全钢架无支柱式等结构。

1. 长后坡矮后墙日光温室 早期的日光温室，后墙只有 1 米左右，后坡面可达 2 米以上，保温效果较好，但栽培面积少，土地利用率低，现较少使用（图 2-22）。通常墙体厚度与当地冻土层最大厚度相近，在北纬 35°地区厚度多为 30～60 厘米，北纬 38°～40°地区厚度多为 80～150 厘米。

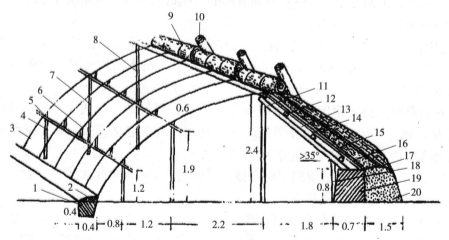

图 2-22　长后坡矮后墙日光温室（单位：米）（张振武，1999）

1. 防寒沟　2. 黏土层　3. 竹拱杆　4. 前柱　5. 横梁　6. 吊柱　7. 腰柱
8. 中柱　9. 草苫　10. 纸被　11. 柁　12. 檩　13. 箔　14. 扬脚泥　15. 碎草　16. 草
17. 整捆秫秸或稻草　18. 后柱　19. 后墙　20. 防寒土

2. 短后坡高后墙日光温室 这种温室跨度 5～7 米，后坡面长 1～1.5 米，后墙高1.5～1.7米，作业方便，光照充足，保温性能较好（图2-23）。

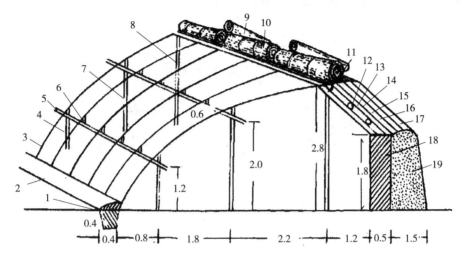

图2-23 短后坡高后墙日光温室（单位：米）（张振武，1999）

1. 防寒沟 2. 黏土层 3. 拱杆 4. 前柱 5. 横梁 6. 吊柱 7. 腰柱 8. 中柱 9. 纸被
10. 草苫 11. 柁 12. 檩 13. 箔 14. 扬脚泥 15. 细碎草 16. 粗碎草
17. 秫秸或整捆稻草 18. 后墙 19. 防寒土

3. 琴弦式日光温室 辽宁中部最早应用的一种日光温室结构。跨度7米，后墙高1.8～2米，后坡面长1.2～1.5米；每隔3米设一道钢管桁架，在桁架上按40厘米间距横拉8号铅丝固定于东西山墙。在铅丝上每隔60厘米设一道细竹竿做骨架，上面盖薄膜，在薄膜上面压细竹竿，并与骨架细竹竿用铁丝固定。该日光温室采光好，空间大，作业方便（图2-24）。

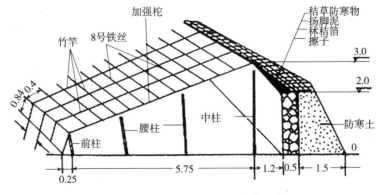

图2-24 琴弦式日光温室（单位：米）

4. 钢竹混合结构日光温室 这种日光温室利用了以上几种日光温室的优点。

跨度6米左右，每3米设一道钢拱杆，高2.3米左右，前面无支柱，设有加强桁架，结构坚固，光照充足，便于内保温（图2-25）。

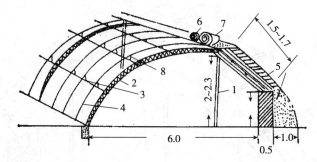

图2-25　钢竹混合结构日光温室（单位：米）（张振武，1999）

1. 中柱　2. 钢架　3. 横向拉杆　4. 拱杆　5. 后墙后坡

6. 纸被　7. 草苫　8. 吊柱

5. 全钢架无支柱日光温室

（1）改进冀优Ⅱ型日光温室。跨度6~8米，高3米左右，后墙为空心砖墙，内填保温材料，钢筋骨架，有3道花梁横向拉接，拱架间距80~100厘米；温室结构坚固耐用，采光好，通风方便，有利于内保温和室内作业（图2-26）。

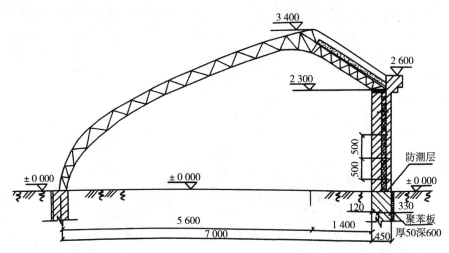

图2-26　改进冀优Ⅱ型节能日光温室示意图（单位：毫米）

（2）辽沈Ⅳ型日光温室。为了提高温室土地利用率，一些地区开发了大跨度的日光温室，跨度达到12~15米，脊高5~6米。辽沈Ⅳ型日光温室净跨度12米，脊高5.5米，后墙高3米，墙体总厚度60厘米，采用双层砖结构墙体（图2-27）。

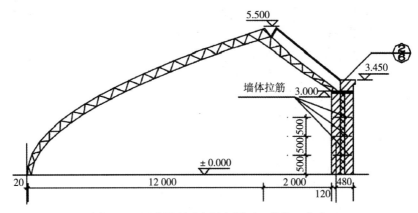

图 2-27　辽沈Ⅳ型日光温室断面（单位：毫米）

二、日光温室的合理结构参数

在日光温室的设计和建造时，总要求为采光保温性好、成本低、易操作、牢固耐用，效益高。其具体合理结构的参数可归纳为"五度、四比、三材"。

1. 五度　指各个部位的角度、高度、跨度、长度和厚度的大小尺寸。

（1）角度。包括屋面角、后屋面角及方位角。

①屋面角。是指前屋面与地平面的夹角，决定了温室采光性能。一般为当地地理纬度减少 6.5°左右。如我国华北地区平均屋面角度要达到 25°以上。

②后屋面仰角。是指后坡内侧与地平面的夹角，要达到 35°～40°。要求是冬、春季节阳光能射到后墙，使后墙受热后储蓄热量，晚间再向温室内散热。

③方位角。指一个温室的方向定位，要求温室坐北朝南、东西向排列，向东或向西偏斜的角度不应大于 7°。

（2）高度。包括温室总高和后墙高度。

①总高。是指从地面到脊顶最高处的高度，一般要达到 3 米左右。在跨度确定的情况下，高度增加，屋面角度也增加，从而提高了采光效果。6 米跨度的冬季生产温室，其矢高以 2.5～2.8 米为宜；7 米跨度的温室，其矢高以 3～3.1 米为宜。

②后墙高度。为方便作业，以 1.8 米左右为宜，过低则影响作业，过高时后坡缩短，保温效果下降。

（3）跨度。跨度是指温室后墙内侧到前屋面的距离，以 6～7 米为宜。配 2.5～3.1 米的屋脊高度，既可保证前屋面有较大的采光角度，使作物有较大的生长空间，也便于覆盖保温和选择建筑材料。

如果加大跨度，一是屋面角度变小，采光不好；二是前屋面加大，不利于覆盖保温，保温效果差；三是建筑材料投资大，影响效益。

（4）长度。长度是指温室东西山墙间的距离，一般30～100米，以50～60米为宜。如果太短，单位面积造价提高，东西两山墙遮阳面积与温室面积的比例增大，影响产量。过长则不易控制温度，每天揭盖草苫占时较长，不能保证室内的日照时数。且在连阴天过后，不易迅速盖苫。

（5）厚度。厚度是指后墙、后坡和草苫的厚度，决定温室的保温性能。根据地区和用材不同，后墙有不同要求。在黄淮区土墙应达到80厘米以上，东北地区应达到1.5米以上；砖结构的填充隔热材料墙体厚度应达到50～80厘米，能起到吸热、贮热、防寒的作用。

后坡为草坡的厚度要达到40～50厘米。对预制混凝土后坡，要在内侧或外侧加25～30厘米厚的保温层。

草苫的厚度要达到6～8厘米，即9米长、1.1米宽的稻草苫要有35千克以上；1.5米宽的蒲草苫要达到40千克以上。

2. 四比　指各部分的比例，包括前后坡比、高跨比、保温比和遮阳比。

（1）前后坡比。是指前坡和后坡垂直投影宽度的比例。日光温室的后坡起到贮热和保温作用，前坡白天起着采光的作用，但夜间覆盖较薄，散失热量也较多，它们的比例直接影响着采光和保温效果。目前生产上主要有三种情况：第一种为短后坡式，前后坡投影比例为7∶1，如辽宁省瓦房店式的温室，前坡面6～6.2米，后坡面仅有0.6～0.8米；第二种为长后坡式，前后坡投影比为2∶1，如河北省永年式温室，前坡面4～4.5米，后坡面2～2.5米；第三种没有后坡，除了后墙和山墙外，都是采光面。

现在建造的日光温室多用于冬季生产，保温必须有后坡。前后坡比以4.5∶1左右为宜。即一个跨度为6～7米的温室，前屋面投影占5～5.5米，后屋面投影占1.2～1.5米。

（2）高跨比。指日光温室的高度与跨度的比例，二者比例的大小就决定了屋面角的大小。要达到合理的屋面角，高跨比以1∶2.2为宜。即跨度为6米的温室，高度应达到2.6米以上；跨度为7米的温室，高度应为3米以上。

（3）保温比。是日光温室内贮热面积与放热面积的比例。日光温室由于后墙和后坡较厚，不仅能向外散热，而且可以贮热，所以在此不作为散热面和贮热面来考虑，则温室内的贮热面为温室内的地面，散热面为前屋面。

$$日光温室保温比(R) = \frac{日光温室内土地面积(S)}{日光温室前屋面面积(W)}$$

保温比的大小说明了日光温室保温性能的大小。所以要提高保温比，就应尽量扩大土地面积，而减少前屋面的面积，但前屋面又起着采光的作用，还应该保持在一定的水平上。根据近年来日光温室开发的实践及保温原理，以保温比值等于 1 为宜，如跨度为 7 米的温室，前屋面拱杆的长度以 7 米为宜。

（4）遮阳比。是指在建造多栋温室或在高大建筑物北侧建造时，前面地物对建造温室的遮阳影响。应确定适当的无阴影距离。如河南郑州地区，若温室前有一个 3 米高的建筑物，则温室与该建筑物的最小距离为 6.43 米，则冬至日正午前排建筑物不会对温室造成遮阳，如在地理纬度更高的地区建温室，这个距离应相应加大。通常遮阳比应达到 1∶2，也就是前室高 3 米时，后排距该建筑物北侧的距离要达到 6 米以上。

3. 三材 是指建造温室用的建筑材料、透光材料和保温材料。

（1）建筑材料。视投资大小而定，投资大时可选用耐久性的钢结构、水泥结构等，也可用砖，建筑用砖的技术性能（表 2-1）。投资小时可采用竹木结构。不论采用何种建材，都要考虑有一定的牢固度和保温性。

表 2-1　几种建筑用砖的技术性能

名称	尺寸（毫米）	容重（千克/米³）	砖标号	导热系数	耐水性	耐久性
普通黏土砖	240×115×53	1 800	75～150	2.93	好	好
灰沙砖	240×115×53	1 900～2 000	100	3.14	较差	较差
矿渣砖	240×115×53	2 000	100	2.72	较好	较差
粉煤灰砖	240×115×53	1 500～1 700	75～100	1.67～2.60	较差	较差
空心砖	240×115×53	1 000～1 500		1.67～2.30	好	好

（2）透光材料。指前屋面所用的塑料薄膜，主要有聚乙烯（PE）和聚氯乙烯（PVC）两种。近年来又开发出了乙酸－醋酸乙烯共聚膜（EVA 膜），具有较好的透光和保温性能，且质量轻，耐老化，无滴性能好。

（3）保温材料。指各种围护组织所用的保温材料，包括墙体保温、后坡保温和前屋面保温。墙体除用土墙外，在利用砖石结构时，内部应填充保温材料，如煤渣、锯末等。据鞍山园艺所测定，50 厘米砖结构墙体（内墙 12 厘米，中间 12 厘米，外墙 24 厘米）内填充保温材料较中空墙体保温性要好。

对于前屋面的保温，主要是采用草苫加纸被，也可进行室内覆盖，对冬春多雨地区，可用防水无纺布代替纸被。也可以用 PE 高发泡软片，用于外覆盖代替草苫，用 300 克/米² 的无纺布两层也可以达到草苫的覆盖效果。

三、日光温室的性能

1. 光照特点 温室内的光照存在明显的水平和垂直分布差异。白天温室内光照自南向北逐渐减弱，外界光照越强，南北相差越大。

温室内光照垂直方向上，自下而上光照度逐渐增强，但在近骨架处减弱。一天中不同时间温室内不同部位光照强度与外界自然光强相比，13 时和 16 时温室中部光强约占自然光强的 80%，而在 9 时，温室中光强为自然光强的 50%。

2. 温度特点

（1）气温日变化特点。日光温室气温明显高于室外气温，黄淮及以北地区，一般冬季旬平均气温室内比室外高 15～18℃，晴天的正午前后，室内外温差可达 28℃，当室外气温降到－19℃时，室内仍能维持 8℃左右。

（2）气温分布特点。

①温室中间部位不同垂直高度各点气温较南部、北部偏高，但不同部位各点气温相差不大，仅在 1～2℃范围内，因此温室内气温无明显高温区和低温区。②不同时间在地上 50 厘米处有一相对较低的温度区，是由于白天强光高温时，空气对流热交换不足导致的。早晚外界气温偏低时，气温分布相反。

（3）地温特点。据测定，12 月室内平均地温为 13.4℃，比室外高 12℃。1月下旬，室内 10 厘米、20 厘米和 50 厘米的地温分别比室外高 13.2℃、12.7℃和 10.3℃。因此，日光温室内的地温完全可以满足作物生长中根系伸长和吸收水分、营养的需要。

四、日光温室的应用

主要用于北方地区蔬菜的冬春茬长季节果菜栽培。长季节栽培是指一年一茬的栽培制度，主要用于番茄、黄瓜、辣椒、茄子等果菜类蔬菜的生产。优点是延长生长期和结果期，采收时间长，用种量小，节省劳动量，生产效益高。另外，日光温室还用于春季早熟或秋季延后栽培，花卉的鲜切花、盆花、观叶植物的栽培，浆果类、核果类果树的促成、避雨栽培以及园艺作物的育苗等。

第五节　现代温室

现代温室通常是指大型的、拥有永久性外围护结构，能够实现对温湿度、光照、营养、水分等进行自动调节控制，可以全天候进行园艺作物生产的连接屋面温室。这种园艺设施一般每栋在1 000米² 以上。

一、现代温室的类型

1. 按照覆盖材料的不同分为玻璃温室和塑料温室 玻璃温室是以玻璃为主要透光覆盖材料的温室，90％以上的透光，且不随时间衰减，光照均匀，使用时间长、强度比较高，具有极强的防腐性、阻燃性。

塑料温室是我国使用面积最大的一类温室，它比玻璃温室结构简单轻巧，省钢材，采光性好，顶侧通风面积大，造价较低，有单栋、连栋之分，多为拱圆形，覆盖材料多为塑料薄膜，也有用 PC 聚碳酸酯硬质或半硬质板材。

2. 按屋面特点主要分为屋脊型连接屋面温室和拱圆型连接屋面温室

（1）屋脊型连接屋面温室。以玻璃为透明覆盖物，温室顶部为屋脊型，代表型为荷兰文洛（Venlo）型温室，大部分分布在欧洲，是我国引进的玻璃温室的主要形式。如图 2-28 所示。

（2）拱圆型连接屋面温室。主要以塑料薄膜为透明覆盖材料，我国自行设计的温室多为这种类型，国外也广泛使用，如图 2-29 所示。

图 2-28　屋脊型连栋温室

图 2-29　拱圆型连栋温室

二、现代温室的结构尺寸

现代温室多为连栋温室，采用单元尺寸、总体尺寸两种方法描述温室的建筑尺寸。

1. 单元尺寸 单元尺寸采用跨度、开间、檐高、脊高等表示。如图 2-30 所示。

（1）跨度。是指温室的承力构架在支撑点之间的距离。通常，温室跨度规格尺寸为 6.0 米、6.4 米、7.0 米、8.0 米、9.0 米、9.6 米、10.8 米、12.8 米。

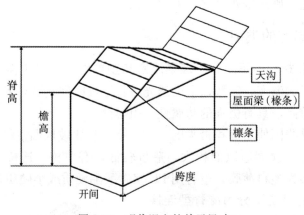

图 2-30　现代温室的单元尺寸

（2）开间。是指承力构架之间的距离，通常开间规格尺寸为 3 米、4 米、5 米。

（3）檐高。指温室底部到天沟下檐的距离。温室檐高规格尺寸为 3.0 米、3.5 米、4.0 米、4.5 米。

（4）脊高。指温室底部到温室最高点之间的距离，通常为檐高和屋盖高度的和。

2. 总体尺寸　总体尺寸用长度、宽度和总高表示。长度指温室在整体尺寸较大方向的总长，宽度指温室在整体尺寸较小方向的总长。总高指温室柱底到温室最高处之间的距离，最高处可以是温室屋面的最高处或温室屋面外其他构件（如外遮阳系统等）。

温室的总体尺寸决定了温室的平面与空间规模，一般来讲，温室规模越大，内气候稳定性越好，单位造价也相应降低，但总投资增大。从满足温室通风的角度考虑，自然通风温室通风方向尺寸不宜大于 40 米，单体建筑面积宜在 1 000～3 000 米²；机械通风温室进排气口的距离宜小于 60 米，单体建筑面积宜在 3 000～5 000 米²。

三、典型的现代温室结构形式

1. 文洛（Venlo）型温室　是我国引进的玻璃温室的主要形式，为荷兰研究开发后全世界应用最广泛的一种温室类型。

（1）结构。单间跨度为 6.4 米、8 米、9.6 米、12.8 米多种形式，开间距 3 米、4 米或 4.5 米，檐高 3.5～5.0 米，每跨由两个或三个小屋面直接支撑在桁架上，小屋面跨度 3.3 米，矢高 0.8 米（图 2-31）。

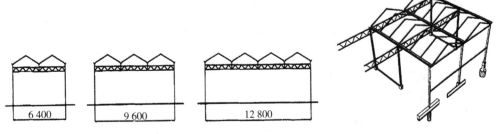

图 2-31　Venlo 型温室标准单元结构（单位：毫米）

近年有改良为 4 米跨度的，根据桁架支撑能力，可将两个以上的 3.2 米的小屋面组合成 6.4 米、9.6 米、12.8 米的多脊连栋型大跨度温室。

（2）特点。透光性较好，密封性好，屋面排水效率高，使用灵活，构件通用性强。

2. 卷膜式全开放型塑料温室　属于屋面开放拱圆型塑料温室。除山墙外，顶侧屋面均可通过手动或电动卷膜机将覆盖薄膜由下而上卷起，达到通风透气的目的（图 2-32）。可将侧墙和 1/2 屋面或全屋面的覆盖薄膜全部卷起成为与露地相似的状态，以利夏季高温季节栽培作物。通风口全部覆盖防虫网，是我国国产塑料温室的主要形式。其特点是成本低，夏季接受雨水淋溶，可防止土壤盐类积聚，简易、节能，利于夏季通风降温。

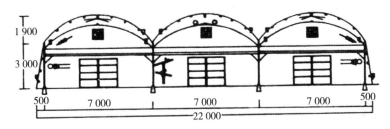

图 2-32　卷膜式全开放型塑料温室（单位：毫米）

四、现代温室的配套设备和应用

1. 自然通风系统　温室的通风通过顶窗和侧窗。顶窗也叫天窗，设置方式多样。侧窗通风有转动式、卷帘式和移动式 3 种类型。玻璃温室多采用转动式和移动式，薄膜温室多采用卷帘式。

2. 加热系统　主要有热水管道加热和热风加热。热水管道加热是利用锅炉将水加热后通过温室内的散热管道进行加热。热风加热是利用热风炉通过风机把热风送入温室各部分加热。

3. 幕帘系统　主要包括内遮阳保温幕和外遮阳幕。

内遮阳保温幕采用铝箔条或镀铝膜与聚酯线条间隔编织而成的缀铝膜。具有白天遮阳降温（反射掉光能 95％以上），夜间保温（夜间因其具有隔断红外长光波阻止热量散失，节能 20％～40％）的性能。

外遮阳系统将遮光率为 70％或 50％的透气黑色网幕或缀铝膜（铝箔条比例较少）覆盖于距离通风温室顶 30～50 厘米处，比不覆盖的可降低室温 4～7℃，最多时可降 10℃，同时也可防止作物日灼伤，提高品质和质量。

4. 降温系统　温室夏季热蓄积严重，降温可提高设施利用率，实现冬夏两用型温室的建造目标。常见的降温系统有微雾降温系统和湿帘降温系统。

微雾降温系统利用雾粒蒸发吸收热量进行降温。特征：①适用于相对湿度较低、自然通风好的温室，不仅降温成本低，而且降温效果好，其降温能力在 3～10℃，是一种最新降温技术，一般适于长度超过 40 米的温室采用。②该系统也可用于喷药、施叶面肥和加湿以及人工造景等多功能微雾系统，依功率大小已有多种规格产品。

湿帘降温系统利用水的蒸发降温原理。系统运行方法：以水泵将水打至温室帘墙上，使特制的疏水湿帘能确保水分均匀淋湿整个降温湿帘墙。需要降温时启动风扇将温室内的空气强制抽出，形成负压。室外空气因负压被吸入室内的过程中以一定速度从湿帘缝隙穿过，与潮湿介质表面的水气进行热交换，水分蒸发经风扇排出达到降温目的。在炎夏晴天，尤其中午温度达最高值、相对湿度最低时，降温效果最好，是一种简易有效的降温系统，但高湿季节或地区，降温效果受影响。

5. 补光系统　主要是弥补冬季或阴雨天的光照不足对育苗质量的影响。由于成本高，目前仅在效益高的工厂化育苗温室中使用。所采用的光源灯具要求有防潮专业设计、使用寿命长、发光效率高、光输出量比普通钠灯高 10％以上。

6. 补气系统

（1）二氧化碳施肥系统。植物光合作用消耗空气中的二氧化碳，温室内通风条件差，常导致二氧化碳浓度不足，在温室内进行二氧化碳施肥能有效提高产量和品质。二氧化碳气源可直接使用贮气罐或贮液罐中的工业制品，也可利用二氧化碳发生器将煤油或石油气等碳氢化合物通过充分燃烧而释放。

为及时检测二氧化碳浓度需在室内安装二氧化碳分析仪，通过计算机控制系统检测并实现对二氧化碳浓度的精确控制。

（2）环流风机。封闭的温室内，空气的交换性差，常导致二氧化碳、温度、湿度等分布不均匀，采用环流风机可以进行调节，并能将湿热空气从通气窗排出，利于改善温室内的空气条件，从而保证室内作物生长的一致性和品质。环流风机应有防潮设计，具有变频调速功能。依温室结构不同，风机的布置位置也各不相同。

7. 计算机自动控制系统 计算机控制系统是现代温室环境控制的核心，可自动检测温室的微气候和土壤参数，并对温室内的所有设备实现优化的自动控制，如开窗、加温、降温、加湿、光照和二氧化碳补气，灌溉施肥和环流通气等。

8. 灌溉和施肥系统 灌溉和施肥系统包括水源、储水及供给设施、水处理设施、灌溉和施肥设施、田间管道系统、灌水器（如滴头）等。进行基质栽培时，可采用肥水回收装置，重复利用或排放到温室外面；在土壤栽培时，作物根区土层下铺设暗管，以利排水。

案例　装配式主动蓄热模块化日光温室应用

河北省邯郸市经济开发区蔬菜基地推广应用了装配式主动蓄热模块化日光温室（图2-33）。运用吸热、蓄热、散热的原理制作特殊温室模块墙体，制作最合理的墙地联通地埋管道系统，通过调整来主动蓄热，白天将太阳热能最大化储藏在墙体中，夜间再从墙体中散发热量来提高温室的温度。在北纬45°以内、最低气温—20℃左右的地区内，只用太阳热量，不需任何额外加温，就可以越冬生产。

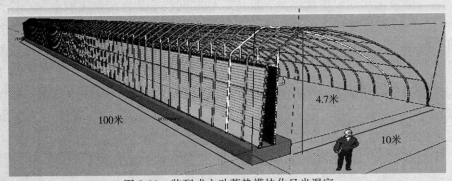

图2-33　装配式主动蓄热模块化日光温室

装配式主动蓄热模块化日光温室的优点：①安装快。集热蓄热储能保温板全部都在工厂加工好，运到现场便可组装。②节省成本。冬天不需要采暖或少许太阳能采暖，从而降低了种植、养殖成本，提高了经济效益。③环保。冬天不需要采暖或少许太阳能采暖，减少了二氧化碳的排放污染，既节能又环保。④可移动。在重茬歇地或搬迁时，完全可以拆解后再组装使用，免除损失。⑤复耕快。需要耕地时可完全拆除，不留任何影响耕作的后患，可立刻复耕。⑥智能化。全部自动控温、自动浇水、自动卷帘，节省人力降低成本。⑦蓄放热。具有白天蓄热，夜晚放热等特点，提高温室土壤和棚内环境温度，利用土壤和储热后墙储存热量，来减少雨雪天气对温室种植的影响。

该日光温室增加的功能：①在温室空间形成若干组立体空气环流，保温的前提下改善温室静止空气，减少虫害。②增加棉被上下限位开关，避免棉被从后墙掉落和前墙积雪冻裂的风险。③增加地旋螺桩，减少对原始土的扰动，环保并提高密闭性。④增加后墙维修步道，便于清除积雪。⑤增加顶通风抗积水钢网，防止水泡产生。

第六节　设施农业机械装备

设施农业机械设备是指在设施农业生产过程中用于生产和环境调控的各种机械设备。设施内生产管理的机械化和设施环境调控自动化是现代设施农业的发展方向，目的是提高劳动效率，改善园艺生产的环境和条件，实现省力化。

一、智能化调控设备

随着信息化和农业现代化深入推进，物联网技术正在与设施农业生产全面深度融合。物联网设备通过各种仪器仪表参与到自动控制系统，为温室精准调控提供科学依据。设施智能化调控设备将温室内各种信息准确地通过传感器检测出来，进而通过计算机进行智能化控制。温室智能化调控设备包括以下几个方面：

1. 智能检测与溯源　智能温室经过各种监控传感器和网络体系将一切监控数据保存，便于农产品的追根溯源。智能大棚可以实现对农产品的生命周期记录功能，包括农产品从种苗期到收获期的全部生命过程记录。

2. 智能管理　智能温室里安装的物联网系统，自动化控制设备、多功能采集节点，包括温度传感器、湿度传感器、pH 传感器、光照度传感器、二氧化碳传感器等设备。这些设备可以检测环境中的温度、相对湿度、pH、光照强度、土壤养分、二氧化碳浓度等物理量参数，使农作物有一个良好的、适宜的生长环境。物联网系统的使用可以帮助生产者及时发现问题，并且准确地确定发生问题的位置，实现农业生产的智能化管理。

3. 智能操作 生产者使用手机或电脑登录系统后，可以实时查询大棚内的各项环境参数、历史温湿度曲线、历史机电设备操作记录、历史照片等信息。警告功能则需预先设定适合条件的上限值和下限值，设定值可根据农作物种类、生长周期和季节的变化进行修改。当某个数据超出限值时，物联网系统会立即将警告信息发送给相应的生产者，提示生产者及时采取措施。

4. 智能控制 智能温室安装有遮阳幕、保温幕、通风窗、排风机、湿帘、灌溉系统、采暖设备等设施，可以实现温室内环境条件的自动调控。生产者可以通过手机或电脑登录系统，控制大棚内的水阀、排风机、卷帘机的开关；也可设定好控制逻辑，系统会根据内外情况自动开启或关闭卷帘机、水阀、风机等设备，实现远程控制功能。

二、设施耕耘机械

1. 设施耕耘的作业工艺 设施耕耘机械通常是相应大田作业机械的小型化。设施耕耘可以采用两种作业工艺。第一种是采用铧式犁耕翻，然后采用耙或旋耕机整地。第二种是直接采用旋耕机或者其他耕耘机械组合作业，一次完成耕地和整地的工作。但是第二种方式耕作深度不足，长期使用会导致土壤板结，地力下降，因此旋耕机使用几年后，应采用第一种方式进行深耕以恢复地力。

2. 铧式犁 是通用犁，可用于大多数作业条件下耕地，耕作深度为20~27厘米。由主犁体、牵引装置和调节装置构成（图2-34）。

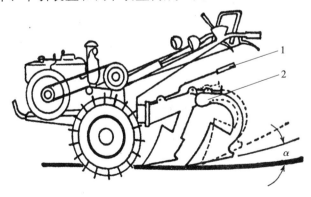

图2-34 铧式犁
1. 调节装置 2. 犁

3. 旋耕机

（1）构造。旋耕机主要由机架、传动系统、旋转刀轴、刀片、耕深调节装置和罩壳组成（图2-35）。

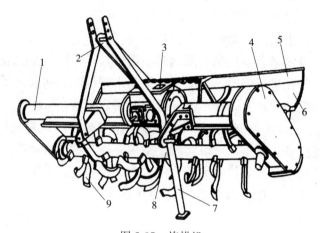

图 2-35　旋耕机

1. 主梁　2. 悬挂架　3. 齿轮箱　4. 侧边传动箱　5. 平土拖板
6. 挡土罩　7. 撑杆　8. 刀轴　9. 旋耕刀

（2）工作特点。旋耕机由拖拉机驱动工作部件进行耕作。旋耕一次能完成耕耙作业，相当于耕一次地再耙一次。旋耕机的碎土能力较强，耕后地表平整，缺点是耕作层较浅，覆盖不好，不利于消灭杂草，适用于熟地耕作（图2-36）。

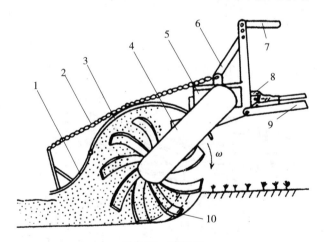

图 2-36　旋耕机

1. 平土拖板　2. 链条　3. 挡土罩　4. 传动箱　5. 齿轮箱　6. 悬挂架
7. 上拉杆　8. 万向节　9. 下拉杆　10. 旋耕刀

4. 设施园艺微耕机应用 微耕机即微型耕耘机，也称为多功能微型管理机（图 2-37）。操作灵活方便，可以在不同方向操作机具，一台主机可配套多种农机具，完成小规模的耕地、栽植、开沟、起垄、中耕除草、施肥培土、打药、根茎收获等多项作业，适合温室大棚、果园种植使用。

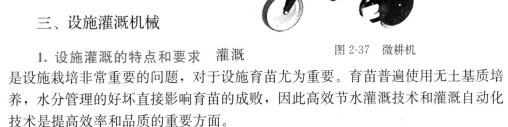

图 2-37　微耕机

三、设施灌溉机械

1. 设施灌溉的特点和要求 灌溉是设施栽培非常重要的问题，对于设施育苗尤为重要。育苗普遍使用无土基质培养，水分管理的好坏直接影响育苗的成败，因此高效节水灌溉技术和灌溉自动化技术是提高效率和品质的重要方面。

2. 设施灌溉方法 主要包括微喷灌、滴灌、渗灌等，设施育苗生产中多使用微喷灌，设施作物栽培多采用滴灌。

（1）微喷灌。设施内使用微喷灌，适宜于采用频繁少量喷洒，避免流水损失，比较节水，同时具有清洁植株和降温的效果，水量和施用时间可以自动控制。因为微喷头的流速和流量均大于滴灌的滴头，从而大大减小了灌水器的阻塞。微喷灌机械按照是否可移动分为固定式和移动式。

①固定管路式微喷灌。常见的固定管路式微喷灌包括微喷头喷灌和喷水管（带）喷灌（图 2-38）。

图 2-38　微喷头喷灌

固定管路式的喷灌系统，会造成喷洒区域的重叠和疏漏，且喷灌设备对设施作业造成障碍，因此近年来发展了自行走式喷灌机，以整根喷管上的喷头在设施内往复运动，能够达到均匀喷布的效果。

②自行走式喷灌机。自行走式喷灌机是将微喷头安装在可移动喷灌机的喷灌管上，并随着喷灌机的行走进行微喷灌的一种灌溉设备。由于投资较高，目前多用于穴盘育苗，观叶性花卉栽培等有特殊灌水要求的温室生产中（图2-39）。

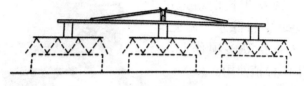

图2-39　自行走式喷灌机工作示意

（2）滴灌。滴灌是利用塑料管道将水通过直径约10毫米毛管上的孔口或滴头送到作物根部进行局部灌溉。是目前干旱缺水地区最有效的一种节水灌溉方式，同时可以结合施肥，提高肥效。可适用于果树、蔬菜、经济作物以及温室大棚灌溉，在干旱缺水的地方也可用于大田作物灌溉。不足之处是滴头易结垢和堵塞，对水源要进行严格的过滤处理。

①工作原理。将水加压、过滤，必要时连同可溶性化肥（或农药）一起，通过管道输送至滴头，以水滴形式适时适量向作物根系提供水分和养分，可以实现自动化调节。

②滴灌施肥系统的组成。滴灌系统主要有水泵、首部枢纽（包括液肥混合装置、过滤装置）、输配水管网和灌水器（滴头）组成。

滴灌可以结合施肥，进行水肥一体化施用，能够提高施肥的均匀性、降低肥料损失，减少人工投入。因此，液肥混合装置是关键设备（图2-40）。

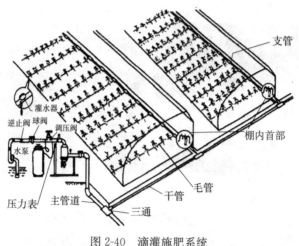

图2-40　滴灌施肥系统

③应用。滴管结合施肥的设施在设施果蔬、花卉栽培中应用非常广泛。滴灌不适用于育苗栽培。

四、设施喷药机械

1. 设施喷药作业的特点和要求　设施内一旦发生病虫害，其蔓延的速度非常快，适时适量施药对病虫害防治非常重要，应立即施药，对症下药，持续数次、数日，直到控制住为止。随着科技的进步，诸如病虫害的预测诊断、施药时机的选择、喷药量、次数等，均能够由自动化施药机械来完成。

2. 喷药设备

（1）构成和工作原理。喷药设备一般由药箱、压力泵、空气室、喷头和安全调压装置等组成（图2-41）。工作过程是：压力泵将药箱内的药液吸出，进入空气室，经管道输送至喷头并高速喷出。

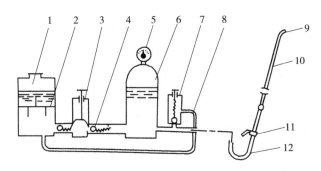

图2-41　喷药设备构成

1. 药箱　2. 搅拌器　3. 压力泵　4. 阀门　5. 压力表　6. 空气室　7. 调压阀
8. 回液管　9. 喷头　10. 管道　11. 开关　12. 输液软管

（2）喷药设备的种类

①无人自走式喷药车。设施内通常采用导轨来引导喷药机械的行走和回转。自行喷药车在地面导轨的引导下，在栽培床间做往复运动的同时喷头喷施药液。

②喷雾机器人。温室专用机器人能利用管状轨道在温室中移动自动完成喷雾（药）工作，宽度30厘米。适用于马铃薯、黄瓜、辣椒、茄子、玫瑰、非洲菊、兰花等植物。

五、温室运输机械

栽培床的类型不同，需要的运输机械就不同。

1. 栽培床类型　有固定式、活动式、搬运式3种栽培床类型。

（1）固定式栽培床。床架固定，穴盘放在床架上面。温室中间留一条较宽的过道，相邻栽培床之间有窄过道。搬运工具多为固定式吊车、轨道运输车或手推车。

（2）活动式栽培床。利用滚轴或滚轮可以平移推动的栽培床，操作者在需要时推动栽培床以挪出临时通道，可以提高温室面积的利用率。栽培床之间的通道长而狭窄，必须配以适宜的搬运工具，如吊车、运输车等，装载完毕后，推向主通道，再由主通道运出。

（3）搬运式栽培床。在轨道上滚动，滑到主通道一端时通过换向可直接滑向主通道，再由主通道直接运送到操作间，即可进行收获作业，或重置新钵苗和穴盘苗的处理，送回温室相应的位置。为提高劳动效率，维持搬运床作物生长的一致性很重要。

2. 运输机械类型　常用的有手推车、轨道式台车、跨行式台车。

（1）手推车。灵活轻便，常用于温室内物料的运输作业。类型包括单轮手推车、二轮手推车、三轮、四轮手推车。

单轮和双轮手推车适宜于运输小件物品，操作便利，三轮或四轮手推车稳定性好，承载量大，需要较大通道，行走阻力大，容易碰撞其他设施。四轮手推车可以设计多层架式，以增加搬运量，还可首尾相连，以牵引车牵引，常用于大量运输作业，如大批量收获等。

（2）轨道式台车。温室内设置轨道，将搬运车置于轨道之上，可以进行远距离输送作业，节省劳动力。

（3）跨行式台车。为节省空间，设计在栽培床上方的运输作业台车，增加操作者在通道上的活动空间，利于交错通行。跨行式台车的运载量大，人员可以同时在栽培行两侧操作。跨行式台车有无轨式和轨道式两种，轨道式台车运移省力，便于操作。

六、设施蔬菜采摘机械

蔬菜收获机械是收割、采摘或挖掘蔬菜的食用部分，并进行装运、清理、分级和包装等作业的机械。根据收获蔬菜部位的不同，可以分为根菜类收获机、果菜类收获机和叶菜类收获机。

1. 根菜类收获机　是收获胡萝卜、萝卜等根菜的机械，有挖掘式和联合作业式两种类型。

（1）马铃薯收获机。马铃薯收获的工艺过程包括切茎、挖掘、分离、捡拾、分级和装运等工序。一般马铃薯收获机只用于马铃薯收获，少数机型也可用于挖收甘薯、萝卜、胡萝卜和洋葱等。小面积收获时可采用多种形式的挖掘犁，将薯块挖出地面后人工捡拾。比较先进的是抛掷轮式挖掘机和马铃薯联合收获机两种。

①马铃薯挖掘机。我国使用比较广泛的一种抖动链式马铃薯挖掘机，由限深轮、挖掘铲、抖动输送链、集条器、传动机构和行走轮等组成，与拖拉机配套使用，适合于在地势平坦、种植面积较大的沙壤土地上作业。

②马铃薯联合收获机。一次作业可以完成挖掘、分离、初选和装箱等作业。其主要工作部件有挖掘铲、分离输送机构和清选台等。

（2）胡萝卜收获机。用机械收获胡萝卜和萝卜等有两种方法，一种是将块根和敬业从土壤中拔出，然后分离茎叶和土壤，这种机械称为拔取式收获机，另一种是拔出之前，先切去茎叶，然后再把块根从土壤中挖出，并清除土壤和杂物，按这种方法工作的机械称为挖掘式收获机。

2. **叶菜类收获机**　叶菜类蔬菜比较容易实现机械化收获。为一种甘蓝收获机，主要由回转式拔取装置、顶部压紧装置、切根装置、夹持链、杂质出口、甘蓝箱和输送装置等组成。

3. **果菜类收获机**　包括番茄、黄瓜、青椒等收获机。

黄瓜收获机根据所完成的收获工艺分为选择性收获机和一次性收获机两种类型。目前多采用一次性收获机进行作业。

小知识

温室作业机器人

喷雾机器人：温室专用，能自动完成喷雾工作，宽度30厘米，利用管状轨道在温室中移动，适用于马铃薯、黄瓜、辣椒、茄子、玫瑰、非洲菊、兰花等植物。

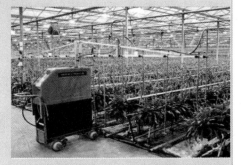

撒药机器人：被用来完成温室中的撒药工作，利用定位信息以及一些传感器完成自助移动、喷洒等动作。

除虫机器人：能穿行于温室中的轨道间，完成对虫害的监测和治理。

除草机器人：能分辨作物，进行机械或化学除草。这是针对行栽植物的高效除草机器人。

采摘机器人，拥有鱼鳍状手指，拥有定位、辨识、避障的功能。

收割机器人：适合用来自动管理和收割中耕作物。

智能除草机器人，能够识别并清除高达25种杂草，具有一套无害化的除草系统。

保姆机器人：用来管理、搬运盆栽植物，利用传感器进行空间定位，轮子与机械臂用于搬运。

智能机器人：可在玉米地中穿梭，修剪生长过快的枝叶，它们也能集体作业，完成施肥等工作。

黄瓜采摘机器人：能找出成熟的果实并采摘。

甜椒采摘机器人

浆果采摘机：能分辨果实成熟与否并将其从地面拾起

▼

小知识

植物工厂

　　植物工厂是现代设施农业发展的高级阶段，是通过设施内高精度环境控制实现农作物周年连续生产的高效农业系统。它的主要特征是环境控制实现自动化、生产过程实现机械化。例如，利用智能计算机和电子传感系统实行自动化、半自动化对植物生长发育所需的温度、湿度、光照、二氧化碳浓度以及营养液等环境条件进行自动控制，先进的生产机械使得劳动生产效率大大提高，采用营养液栽培技术，产品的数量和质量大幅度提高。植物工厂是农业产业化进程中吸收应用高新技术成果最具活力和潜力的领域之一，代表着未来农业的发展方向。

思考与训练

1. 简述地膜覆盖和无纺布覆盖的关键技术与应用效果。
2. 遮阳网、避雨棚、防虫网的应用特点是什么？
3. 为什么塑料大棚骨架常用"三杆一柱"？
4. 日光温室结构的主要特征是什么？
5. 如何提高温室栽培的劳动生产率和土地利用率？

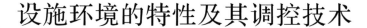

第三章
设施环境的特性及其调控技术

第一节　温度特点及其调控

一、温室作物对温度的基本要求

作物的生长发育和维持生命活动都要求一定的温度范围，这个温度范围包括最高温度、最适温度和最低温度，这就是三基点温度。当温度超出最高、最低温度界限，则生长发育停止。如再超过维持生命最高、最低界限，就会死亡。不同的园艺作物对温度要求的范围不同，原产温带地区甚至寒冷地区的作物，耐低温能力较强（称为喜凉作物），原产热带、亚热带的作物对温度要求比较高（常称为喜温作物）。

作物的生长发育要求一定的昼夜温差，白天温度高，有利于光合作用，夜间温度低，有利于降低呼吸消耗，多数作物要求有近 10℃ 的昼夜温差，这种现象称为"温周期现象"。植物生长过程中，通常在开花结实的时期比苗期要求的温度要高一些。

地温影响植物对水分和养分的吸收，因此在栽培中除了创造适宜的气温外，也应重视创造适宜的地温提高产量和品质。

二、温室的热量平衡和散热途径

温室内的热量来自两个方面，太阳能和人工加热。温度低的时候需要人工补充热能，为植物提供适宜的温度条件。温室热支出的途径包括贯流放热、换气放热、地中传热和潜热消耗。

1. 贯流放热　指透过覆盖材料和结构材料放出的热量。它是栽培设施放热的最主要途径，占总散热量的 60%～70%，高时可达 90% 左右。

2. 换气放热　由于园艺设施内外空气交换而导致的热量损失。与园艺设施缝隙大小有关。普通园艺设施换气放热是贯流放热的 1/10。

3. 地中传热 热量在土壤中的垂直传导和水平传导。受土壤紧实度和含水量影响。

4. 潜热消耗 水蒸发而吸收的热量为潜热，经通风换气排出而散失的汽化热，叫潜热消耗。

三、保温与加温

低温季节温室内温度的调节措施主要是保温和加温。

（一）保温措施

保温措施主要是考虑减少贯流放热、换气放热和土壤传导失热，在白天尽量加大温室的透光量和土壤对太阳辐射的吸收率。

1. 多层覆盖 温室多层覆盖是指在温室外或者温室内覆盖多层保温覆盖物。通过增加覆盖物，防风，减少缝隙，从而减少温室内热量的损失，达到保温目的。

（1）外覆盖

①将塑料薄膜覆盖在草苫表面，既保温，又保护草苫，一般加盖一层薄膜可提高温度 2℃以上，与草苫结合覆盖，其保温效果可达 5℃以上。

②冬季严寒期间，将无纺布覆盖在草苫下，与草苫一起来保持温室的温度，一般一层无纺布可提高温度 3℃以上。

③覆盖草苫，以稻草苫应用最普遍。一般覆盖一层厚度 4 厘米以上的高密度新稻草苫，可提高温度 8℃以上。由于草苫比较重，所以只将草苫立在地面上，对前坡面进行双层覆盖。

④覆盖纸被，纸被多用牛皮纸缝合而成。一般一张由 4 层牛皮纸缝合的纸被，可提高气温 3～5℃。在冬季严寒地区，纸被与草苫结合使用，覆盖在草苫下，加强保温效果。

⑤覆盖保温被，保温被由多层具有不同功能的材料缝制而成，具有寿命长、保温性好、防水、重量轻以及适合机械自动卷放等优点，但其成本较高。

（2）内覆盖

①温室大棚内套小拱棚或覆盖地膜。据观测，在塑料大棚内套小拱棚。可使小拱棚内的气温提高 2～4℃。覆盖地膜一般可以使 10 厘米处地温提高 2～3℃，同时，覆盖地膜减少水分蒸发可以间接提高地温。

②大棚内覆盖保温幕，在大棚中采用塑料薄膜做成二层幕，于夜间覆盖，可使棚内气温、地温平均提高 1～2℃。

2. 增大温室透光率 正确选择调节日光温室建造方位和结构，保持屋面清洁，尽量增大透光率，使温室土壤积累更多的热能。

3. 设置防寒沟 防寒沟设置在日光温室周围，宽30厘米，深50厘米，沟内填充导热性差的物质，据测定，可使温室内5厘米地温提高4℃左右。

4. 优化后墙结构 增加墙体保温材料，在温室砖墙体内部添加炉渣、秸秆等保温材料，减少温室内热量的散失。温室墙体内侧做成凹凸不平的表面，增加对太阳光能的吸收面积，加大墙体的蓄热能力。

（二）加温技术

温室加温系统一般由热源、室内散热设备和热媒输送系统组成。温室加温的方式根据加温设备（采暖设备）来分类，包括热水采暖、热风采暖、电热采暖和辐射采暖等。

1. 热水采暖 以热水（60～80℃）为热媒的采暖系统。用锅炉将水加热，用循环泵将水送入温室的散热器中，通过散热器来加热温室内的空气，冷却水回到锅炉再重新被加热。热水采暖效果稳定，一次性投资大，热损失小，运行较为经济，适用于大型温室供暖。一般冬季室外温度在−10℃以下，且加温时间超过3个月的，采用热水采暖系统较好（图3-1、图3-2）。

图 3-1 温室热水采暖锅炉 　　　　　　图 3-2 温室热水采暖

2. 热风采暖 这是利用热源将空气加热到要求的温度，然后由风机将热空气送入温室中（图3-3）。热风炉可以分为燃煤热风炉、燃油热风炉和燃气热风炉。热风采暖设备投资低，一次性投资是热水采暖的1/5，安装简单，占地面积小，近年来发展较快，但运行费用较高。主要用于冬季采暖时间短的地区（长江以南），小面积单栋温室或大棚。

3. 电热采暖 将电能转变为热能进行空气或土壤加温。常用的电加热线有空气加热线和地热加热线两种。采用电热采暖不受季节地区限制，可根据种植作物的要求和天气条件控制加温的强度和加温时间，具有升温快，温度分布均匀、稳定，操作灵便等特点。缺点是耗电量大，运行费用高，适于短期加温，常用于

图 3-3　温室热风采暖

育苗温室的基质加温和实验温室的空气加温等。

4. 辐射采暖　是利用液化石油气燃烧取暖，耗气较多，仅用于临时辅助采暖。

（三）降温技术

夏季由于太阳辐射较强，温室内的气温常会高达 40℃以上，远远超出园艺作物生育适温，因此迫切需要降温。温室的降温措施有 3 种。

1. 遮阳降温　利用遮阳网可以有效降低温室内的太阳辐射强度，起到降温效果。遮阳网包括外遮阳和内遮阳。

（1）外遮阳。是离温室大棚的屋脊 40 厘米处、悬挂透气性黑色或银灰色遮阳网，能够自动控制开启和闭合。遮光 60％左右时，室温可降低 4～6℃，效果显著。

（2）内遮阳。是张挂在温室内的遮阳幕，夏季有降温的效果，冬季有保温的效果。此外还有屋顶涂白遮光降温。

2. 屋顶喷淋降温　在玻璃温室屋脊设置喷淋装置，从管道小孔向屋面喷水，达到降温效果，一般可使室温下降 3～4℃。

3. 蒸发降温　原理是水分在蒸发时吸收热量使得温室内温度下降，但这种方法会增加温室内的湿度，当湿度过大时会降低蒸发的速度，因此要不断地将室内的湿空气排出。

（1）湿帘风机降温系统。在温室一侧墙设置湿帘，在于湿帘对应侧安装轴流风机，距离一般为 30～40 米（图 3-4）。当室内温度超过设定的目标温度时，风机开始工作，将室内的空气排出形成负压，同时水泵启动，通过供水槽将水淋在湿帘上，室外空气通过湿帘进入室内，加速空气吸热，降低空气温度。空气越干燥、温度越高，降温的幅度越大。

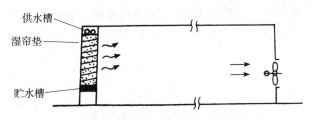

图 3-4　湿帘风机降温装置（温室长 30 米左右）

（2）喷雾降温。这种方法有两种类型，一种是由温室旁侧底部向上喷（图 3-5），另一种是从温室上部向下喷雾。同时要安装换气扇，喷雾时要打开换气扇。根据测定，室外气温 37℃时，单用排气扇，室温可降到 35～36℃，加用喷雾装置后可降温至 28～30℃。

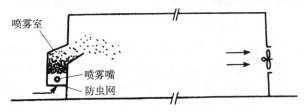

图 3-5　喷雾降温装置（温室长 50～60 米）

（四）通风换气降温

通风换气降温包括自然通风和机械通风（启动排风扇排气）。

1. 自然通风　温室开窗包括顶窗和侧窗。自然通风机械系统包括卷膜开窗系统和齿条开窗系统。

（1）卷膜开窗系统。将覆盖膜卷在钢管上，通过转动钢管，将覆盖膜卷起或放下。主要用在侧面开窗和屋顶卷膜开窗。一般卷膜钢管长度在 60 米左右。根据动力源分为电动和手动两种类型，目前常用的是电动卷帘机（图 3-6）。

大棚卷帘机优点

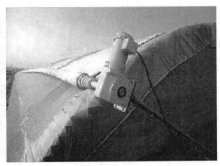

图 3-6　卷膜开窗系统

（2）齿条开窗系统。由若干排齿轮齿条，在驱动轴的带动下，将温室窗户进行开启。齿条开窗系统大部分为机械传动，也有少量用手链传动（图3-7）。

图3-7　齿条开窗系统

2. 机械通风（强制通风）　依靠风机产生的风压强制空气流动，进行空气的交换和降温排湿（图3-8、图3-9）。机械通风的优点是通风能力强，效果稳定；可在空气进入室内前进行加温或降温处理，便于组织室内气流和风量调控。但是设备和维修费用相对较大，运行需要消耗电能，并且设备遮挡光线，运行中噪音较大。

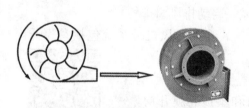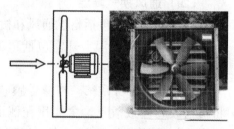

图3-8　轴流式风机　　　　　　　　　图3-9　离心式风机

小知识

地源热泵技术

地源热泵是一种利用地下浅层地热资源既能供热又能制冷的高效节能环保型空调系统。地源热泵通过输入少量的高品位能源（电能），即可实现能量从低温热源向高温热源的转移。在冬季，把土壤中的热量"取"出来，提高温度后供给室内用于采暖；在夏季，把室内的热量"取"出来释放到土壤中去，并且常年能保证地下温度的均衡。

地源热泵技术应用于大棚温室有许多优点。首先，大多数温室大棚的温度要求在30℃以内，不管是使用燃油、还是电加热系统，所得到的温度都要远高于这个范围，无形中增加温度损耗。而热泵空调系统供暖温度在45～55℃，属于低温供暖，温差小、损耗少。其次，热泵系统的供暖能源效率比较高。利用1千瓦的电能，经过热泵转换，就能得到4千瓦甚至更多的热能，大大超过了电加热系统的能效。

把地源热泵系统应用到温室温度调节中，可以极大地节约能源和资源，并且便于根据蔬菜或者育苗生长的最佳温度进行调节，地源热泵技术作为可再生能源利用新技术，具有广阔的发展前景。

第二节　湿度特点及其调控

一、设施湿度环境特点

由于设施内空气封闭性高，常导致设施内空气湿度比较大，根据测定，温室大棚内平均相对湿度一般在90％左右，夜间常出现100％的饱和状态。设施内湿度环境日变化和季节变化也比较明显。低温季节，相对湿度较高，高温季节则较低。一天当中，夜间湿度大，白天湿度小，过高的湿度影响作物对水分和营养的吸收，同时常出现结露现象，导致作物病害的发生。

二、设施湿度环境的调控

（一）空气湿度的调控

大多以作物以相对湿度60％～85％为宜。低于40％或大于90％时，光合作用受阻，使生长发育受到不良影响。而设施内常常出现湿度过大，调节的目的一般是为了降低温室内的湿度，减少作物叶面的结露现象。方法主要有以下4种。

1. 通风换气　通风换气是调节空气内湿度环境的最简单有效的方法，同时也会降低温室的温度。一般采用自然通风，调节风口大小、时间和位置，达到降低温室内湿度的目的。但自然通风的通风量不易掌握，室内降湿不均匀。可以采用机械辅助通风，确定合理的通风功率和时间。

2. 加热　加热可以提高温室内温度从而降低空气湿度，如果将通风与加热结合起来则对于降低室内湿度最为明显。

3. 改进灌溉方法　在温室中采用滴灌、微喷灌等节水灌溉措施减少地面的积水，降低蒸发量，从而降低空气湿度。据监测，温室覆盖地膜后温室空气相对湿度由 95％～100％ 下降到 75％～80％。

4. 吸湿 采用吸湿性材料（如氯化锂）吸收空气中的水分，降低空气湿度。

（二）土壤水分的调控

温室与露地相比，土壤水分含水量大。由于温室中部气温高，蒸发量大，水分在覆盖层表面结露并沿薄膜流向设施两侧，导致设施中部土壤干燥、两侧土壤湿润。另外，设施栽培施肥量较大，且无雨水的大量冲刷，土壤中盐类易在地表集聚，使土壤溶液浓度升高，导致次生盐渍化，影响植物对养分的吸收。合理灌溉，改变水盐运动形式，也是缓解土壤次生盐渍化危害的有效措施之一。

塑料中小棚和许多温室大棚的灌水，普遍采用防渗渠明沟灌水，大多依据经验观察土壤和作物生育状况来进行，明沟灌溉时增加土壤湿度，作物下部叶片容易沾水引发病害，同时灌水量不均匀，影响品质和产量。近年来，发展了滴灌、微喷灌等先进灌溉方式，在园艺设施逐步推广，生产效果良好（图3-10至图3-17）。

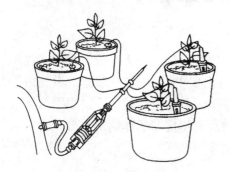

图 3-10 采用滴灌的盆栽花卉

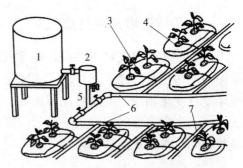

图 3-11 采用滴灌的袋培果菜生产
1. 营养液灌 2. 过滤器 3. 水阻管 4. 滴头
5. 主管 6. 只管 7. 毛管

图 3-12 田间滴灌

图 3-13 管上式管式滴头

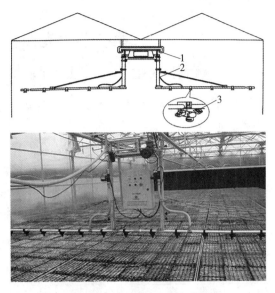

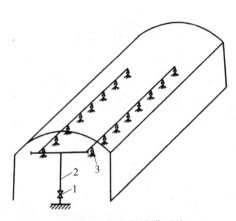

图 3-14　温室微喷灌系统
1. 控制阀门　2. 供水管　3. 微喷头

图 3-15　温室自走式喷灌机
1. 喷灌机行走轨道　2. 喷灌机主体
3. 三喷嘴微喷头

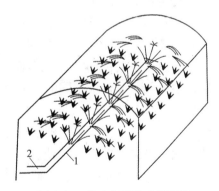

图 3-16　薄壁微喷带微喷灌

图 3-17　薄壁塑料微喷带微灌
1. 多孔管　2. 供水管

　　温室生产中，滴灌和微喷灌系统均可以实现自动化控制，并且在灌溉的同时能进行施肥或喷药作业。也可将滴灌系统和微喷灌或管道灌溉结合使用。低温季节采用滴灌系统进行灌溉；高温干燥季节结合微喷灌或管道灌溉进行降温加湿，效果更好。

第三节　光照特点及其调控

一、蔬菜作物生长对光照的要求特点

1. 光照的特点及表示　　光照条件可以从三个方面说明。光照强度、光谱成分和光照时间。

（1）光照强度。太阳辐射中对光合作用有用的这部分光的强度，单位是勒克斯（lx）。表 3-1 所示北京地区冬季晴天正午时刻的温室内外光照强度，多数阳性植物对光照度最低要求是 2 万勒克斯，通常晴天室外光照度能达到要求，但日光温室或塑料大棚光照度大为削弱，如果低于作物的需求，就会对生长造成影响。

表 3-1　北京地区冬季晴天正午时刻的温室内外光照强度

	室外	日光温室内	连栋温室内	多数阳性植物最低要求
光照度（lx）	30 000~50 000	15 000~35 000	12 000~25 000	20 000
光合有效辐射（W/m²）	120~210	60~140	50~100	80

（2）太阳光谱。太阳辐射是由红外线、可见光和紫外线构成，不同的光谱成分对作物生长的作用不同。

（3）太阳辐射时间。太阳辐射时间随着地理纬度和季节的不同发生变化，如位于北半球的我国，夏季昼长夜短、纬度越高的北部，白天越长；冬季昼短夜长，纬度越高白天越短。由于长期适应的结果，不同的作物生长、开花、结实根据生长地区和季节要求不同的光照时间。

2. 蔬菜作物生长对光照的要求　　根据植物对光照度的要求分为阳性植物、阴性植物和中性植物。阳性植物必须在完全光照条件下生长，不能忍受长期隐蔽条件（如茄果类和瓜类）；阴性植物在弱光条件下比在全光条件下生长良好，不能忍受强烈的直射光线，生长期间要求 50%~80%隐蔽度（如莴苣、生姜）；中性植物对光照强度的要求介于阳性植物和阴性植物之间（如豆类、芜菁）等。

根据植物对光照时间长短的不同分为长日照植物、短日照植物和日中性植物。长日照植物在开花之前需要一个特定的时期，称为感光期，要求每天的光照时间长于临界光照时数，通常这个临界值为 14 小时，满足这个条件的光周期诱导一定的时间，才能开花。短日照相反，要求每日的光照时数少于临界光照时数，通常光照少于 12 小时但不少于 8 小时，日照时数越短，开花越早，但每天的光照时数不能短于维持生长发育所需的光合作用的时间。日中性植物对光照与黑暗的长短没有严格的要求，只要发育成熟，无论长日照条件还是短日照条件

均能开花。

太阳辐射中可见光的状况是影响作物产量和品质的主要因素。红外线主要为植物的各种活动提供热能，紫外线主要影响到作物的颜色、形状和果实的品质等，紫外线强的地区，植株矮小、颜色较深，果实含糖量增加，品质好。

二、设施光环境特征

1. 光照强度　温室内的光照强度比自然光照要弱，尤其在冬春季节或阴雨天，透光率只有自然光的50%～70%，如果透明覆盖材料使用时间长而老化，沾染灰尘，透光率甚至会下降到50%以下。光照强度在冬季往往成为喜光果菜类作物生产的主要限制因子。

2. 光照时数　温室内的光照时间受温室类型的影响，塑料大棚和大型连栋温室，全面透光并且没有外覆盖，室内光照时间与室外相同。冬季覆盖草苫等直接影响温室内光照时间。温室内作物受光时间不足7～8小时，高纬度地区甚至不足6小时。

3. 光谱　温室内的光谱组成与透明覆盖材料的性质有很大关系，主要影响波长在380纳米以下紫外光的透过率，大多数覆盖材料不能透过310纳米以下的紫外光。此外，覆盖材料还可以影响红光和远红光的比例。

4. 光分布　温室内光照强度水平分布不均匀，如：单屋面温室的后屋面及东、西、北三面有墙，在其附近或下部往往会遮阳，透明屋面下的南部比北部光照强，上午东强西弱，下午相反。垂直方向，从上到下光照减弱。因此，温室内光分布的不均匀性，使得园艺作物的生长也不一致。

三、设施光环境的调控

1. 光能调控　温室内光能的调节，除选用合适的透明覆盖材料，人工调控温室光能主要通过补光调节和遮光调节来实现。

（1）补光调节。根据人工补光的目的不同，可以将人工补光分为栽培补光和日长补光。栽培补光目的是补充自然光照不足，促进光合作用。日长补光目的是延长光照时间以满足作物光周期的需要。试验证明，经人工光照补光的蔬菜产量一般可提高10%～30%。

常用的温室人工光源种类主要有热辐射光源、气体放电光源和半导体光源。

①热辐射光源。白炽灯发出的光源属于这类，钨丝中通过电流产生高温。（2 400～3 000℃）发光。结构简单、价格便宜，光照强度易调节；辐射光谱主要在红外范围，可见光所占比例很小，发光效率低，且红光偏多，蓝光偏少；寿

命短（1 000 小时）。不宜用作光合补光的光源，但可作光周期补光的光源。

②气体放电光源。高压水银荧光灯和金属卤化物灯发出的光源属于这类。在高压水银灯内壁涂上荧光材料，可以将紫外辐射转变为可见光，其红色光增加，光色改善，易达到较高功率，最大可达1 000瓦（W），寿命较长（5 000小时），灯体积小，遮光少，广泛用于温室人工补光。金属卤化物灯是在高压水银灯内添加金属卤化物，比水银灯的光量输出增加一倍。它是近年来发展起来的新型光源，发光效率较高，功率大，光色好（通过改变金属卤化物组成满足不同需要），寿命较高（数千小时），是目前高强度人工光照的主要光源。

③半导体光源。发光二极管（LED灯）属于这类。特征是光谱单纯，即具有单色性，波谱域宽仅±20纳米左右，没有中、长波红外辐射（对光合作用无效）的能量浪费，发热少，可实现近距离补光，提高光利用效率。生产上为避免单一光色植物栽培会引起形态异常，可选择不同的光色器件，按需要组合满足植物光合作用对光谱的需要，使用寿命长（5万小时以上），但除了红光LED灯外，其他LED灯特别是蓝光LED灯价格较高。

小知识

人工光源的选择

选择人工光源时，首先必须满足光照度的要求和光谱能量分布。另外，还希望光源体积小、功率大，以减少灯遮挡自然光面积。还应有较高的发光效率，较长的使用寿命，价格比较合理。

在温室栽培中，光的强弱必须和温度结合起来才能有利于作物的生长发育和器官的形成。光照减弱时，如果温度较高会导致呼吸作用增强而消耗过多的物质和能量，因此阴天时，对于阳性植物应适当降低环境温度，这样才有利于作物的生长发育。

（2）遮光调节。有内遮阳和外遮阳两种方式。外遮阳又有两种方式，其一为直接将遮阳网等遮光材料覆盖到玻璃或塑料膜上，另一种是离开温室表面30～40厘米覆盖遮光材料。外覆盖有固定覆盖和可移动覆盖两种。与内覆盖相比，外遮阳的高温抑制效果好，但易受到较大风力的损伤。内遮阳是将遮光材料覆盖在温室内侧，不会受到风的影响，但降温效果比外遮阳差。另外，夜间内遮阳具有保温作用。

常用的遮阳材料是由聚氯乙烯、聚乙烯塑料编织的网，有白、黑、灰、银等多种颜色，强度和寿命较长。但聚氯乙烯遮阳网干燥时会发生2%～6%的收缩，覆盖时要适当留出收缩量。聚乙烯醇纤维网有黑、灰两种颜色，收缩率 3%～4%，透气性高。无纺布是用聚乙烯纤维加工而成的，柔软型号适合于内遮阳。软质塑料膜是由聚氯乙烯或聚乙烯材料添加碳素或者铝粉制成，黑色或银灰色，适用于内遮阳。

2. 光质调控　一种是采用满足要求的具有特定光谱分布的人工光源补光调控。不同的光源发光特性不同，要根据作物需求合理选择或搭配光源。原则上应增加红橙光和蓝紫光的能量强度，有效促进光合作用。另一种是采用满足要求的具有特定光谱透过率的覆盖材料。温室透明覆盖材料对不同波长的辐射透过率不同，影响进入温室的阳光的光谱组成。因此，可以通过改进覆盖材料的性能，选择新型覆盖材料等提高透光光谱的质量。

3. 日长调节　为了诱导成花，打破休眠，通常要进行短日照或长日照处理。短日照处理的遮光一般叫黑暗处理，在秋菊和草莓栽培中应用，遮光必须严密。长日照处理需要补光，进行长日处理的补光栽培一般叫电照栽培，在菊花、草莓等植物的栽培中普遍应用。在菊花的栽培中用于抑制花芽分化，调整开花期；在草莓的栽培中用于防止休眠和打破休眠。电照栽培的补光强度因照明方法、作物种类而不同，50 勒克斯以上弱光即可，光源一般用白炽灯泡。照明的方法有 4 种：①整夜连续补光：从日落到日出连续照明。②早晚延长补光：日落后或日出前连续照明 4～8 小时。③黑暗中断照明：在夜间连续照明 2～5 小时。④夜间间断补光：在夜间交替进行开灯和关灯 4～5 小时。一般在 1 小时内开灯数分钟至 20 分钟，需要反复开关定时器。

第四节　设施气体环境和调控

一、气体对作物生育的影响

1. 二氧化碳对作物生长生育的影响　二氧化碳是作物进行光合作用生成有机物质的原料之一，适当增加二氧化碳对作物的光合作用有促进作用。空气中二氧化碳的浓度一般是 330 毫克/升，作物进行光合作用时最适二氧化碳的浓度是 1 000 毫克/升，特别是在密植栽培、肥水多的情况下，农作物需要的二氧化碳更多，只靠空气中扩散补充的二氧化碳远远不能满足农作物的需要。研究表明，增加空气中二氧化碳的浓度，有利于提高产量，改善品质。

2. 其他有害气体对农作物的影响　塑料温室和大棚密封较严，极易积存氨气、一氧化碳、亚硝酸气体等有害气体。

（1）氨气。主要来自没有经过腐熟的鸡粪、猪粪等有机肥料，肥料在高温下分解时，会产生大量氨气。其次是大量施用碳酸氢铵和尿素产生的氨气。棚内的氨气浓度达到 5～10 毫克/升时，作物就会中毒，它的花、幼叶、幼果等幼嫩组织先发生褐变，后变为白色，严重时候萎蔫死亡。

防除方法，一是使用腐熟的人粪尿有机肥。二是不施或少施用碳酸氢铵，尿素用沟施或穴施，施后盖土埋严。三是在保证正常温度的条件下，开窗或卷起膜脚，进行通风换气。

（2）亚硝酸气体。主要来自氮素化肥。土壤中，如连续施入大量氮肥，则亚硝酸向硝酸转化会受阻，导致亚硝酸大量积累，当温度升高时就变成气体散发在室内，浓度超过 2～3 毫克/升植物就会中毒，严重时导致死亡。

防除方法，合理施肥，施氮肥时少量多次，沟施或穴施，施后用土盖严，做好通风换气。如棚内亚硝酸气体浓度过大或土壤偏酸时，在土壤中增施石灰，可有效防止亚硝酸气化。

（3）一氧化碳和亚硫酸气体。这两种气体主要是棚内加温时，用的燃料质量差或燃烧不充分产生的，一氧化碳容易导致棚内管理人员中毒，亚硫酸气体使作物中毒后叶片失去光泽，呈水渍状，随后褐色变成浅白色。

防除方法，加温时不用暖火炉，而用设有烟囱的专制加热炉，选用优质燃料，尽量燃烧充分，加温后，及时通风散烟等。

二、设施内二氧化碳的变化特征

一般来说，设施内二氧化碳浓度夜间比白天高，阴天比晴天高。夜间由于作物的呼吸、有机物经微生物分解，释放二氧化碳，温室内二氧化碳浓度升高，至清晨可达 400 毫克/升，高于室外。早晨太阳出来后，光合作用使室内二氧化碳浓度下降，下午温室内的浓度仅为 70～80 毫克/升。尤其在晴天 9：00—11：30，作物光合作用旺盛，棚内二氧化碳浓度急剧下降，如果得不到补充，在 11：00 浓度降至 100 毫克/升，甚至 50 毫克/升。由此可见，密闭温室内，空气中的二氧化碳浓度很低，光合作用减弱，光合物质积累减少，并且还影响根系发育，致使作物品质下降。在此情况下，增施二氧化碳能起到很好的效果和收益。

三、二氧化碳施肥技术

当空气中的二氧化碳浓度增加到一定程度后，植物的光合速率不会再随着二氧化碳浓度的增加而提高，这时的浓度称作二氧化碳饱和点。一般晴天施肥二氧化碳浓度掌握在 1 300 毫克/升，阴天在 500～800 毫克/升为宜。

1. 施用二氧化碳的作用 增施二氧化碳促进蔬菜生长，植株的株重、叶面积及干叶比（茎叶比）均增加。

（1）提高果菜结果率。可以使黄瓜的雌花增多，坐果率增加。提高二氧化碳浓度试验表明，施二氧化碳后黄瓜的结瓜率提高 27.1％。在青椒开花结果期增施二氧化碳，单株开花数增加 2.4 个，单株坐果率增加 29％。

（2）提高蔬菜产量。番茄较对照可平均增产 4.5％，青椒较对照增产 36％，黄瓜可以增产 23％～37％。在水稻抽穗前，如果把空气中二氧化碳含量从 0.03％提高到 0.09％，水稻可以增产 29％。

（3）提高产品品质。蔬菜产品色正、口味好。经过对黄瓜和番茄进行分析，果实中维生素 C 和可溶性糖的含量均有增加，黄瓜的可溶性糖比对照增加 13.8％。提高二氧化碳浓度能够提高某些作物果实中的蛋白质、赖氨酸、粗淀粉的含量。

2. 二氧化碳增施技术

（1）二氧化碳增施时间。二氧化碳施肥应在作物一生中光合作用最旺盛的时期和一天中光照条件最好的时间进行。育苗期增施二氧化碳有利于培育壮苗、缩短苗期。叶菜类在幼苗定植后开始施用，果菜类在开花结果期开始施用，均起到较好效果。晴天条件下，宜在日出后 30 分钟施用二氧化碳，午前停止或换气前 30 分钟停止。

（2）二氧化碳施肥方法。温室内增施二氧化碳的方式主要有以下六种。

①施固体二氧化碳（干冰）气肥。按照 2 穴/米^2，10 克/穴施入土壤表层，并与土壤混匀，保持土层疏松，一般每亩地面施用 40 千克，有效期可达 40～45 天。施用时勿靠近根部，干冰气化时会大量吸热，施用后不要用大水漫灌，以免影响二氧化碳气体的释放。

该方法适合较小区域内的二氧化碳施肥，特别当需要降温的效果时采用更好。干冰表面温度可低到−80℃，因此，操作时应戴手套。干冰不能储存于密封性能好、体积较小的容器中，很容易爆炸。应储存在专用冷冻柜或空气流通好的地方。

②化学反应法。一般使用硫酸和碳酸氢铵发生化学反应产生二氧化碳气体。酸的浓度以 96％为宜。每亩用量标准为 3.6 千克碳酸氢铵与 2.25 千克浓硫酸（1∶3 稀释），均匀放入多个容器内进行反应（用塑料桶，挂高 1.5 米，如图 3-18）。晴天日出后 0.5～1 小时施用，通风前半小时停用，使棚内二氧化碳浓度达到 1 000 毫克/升左右（黄瓜适宜浓度 800～1 000 毫克/升，番茄 1 000～1 500 毫克/升），一般连施 30 天以上，阴雨天不施。

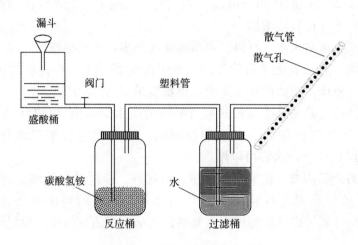

图 3-18 二氧化碳化学反应施肥

在实际操作过程中,可一次配 2～3 天的硫酸量,每天上午只需要向挂桶内定量撒碳酸氢铵即可。施用适期:一般从植株的初花期开始到盛果期结束。注意事项:施用时关闭温室。反应后废液主要为硫酸铵和水,加 10 倍水稀释作土壤追肥。

③燃放沼气。配合生态型日光温室建设,利用沼气进行二氧化碳施肥,是目前大棚蔬菜值得推广的二氧化碳施肥技术。具体方法是:选用燃烧比较完全的沼气灯或沼气炉作为施气器具,大棚内按 50 米² 设一个沼气灯,每 100 米² 设一台沼气灶。

沼气是多种气体的混合物,主要成分是甲烷,其特性与天然气相似。每天日出后燃放,燃烧每立方米沼气可以获得 0.9 米³ 二氧化碳。

一般棚内沼气池寒冷季节产沼气量为 0.5～10.0 米³/天,可以使 330 米³ 大棚内的二氧化碳浓度达到 1 000～1 600 毫克/千克,当达到 1 000～1 200 毫克/千克浓度时停燃并关闭大棚 1.5～2 小时,棚温升至 30℃时,开棚降温释放二氧化碳后,水分管理要及时跟上。

④液态二氧化碳(气瓶)。应用简单,常在大型温室内施用。将二氧化碳保存在高压的金属容器内,容器压力 11～15 兆帕。可以根据气瓶压力的不同确定施放时间长短,最好配合二氧化碳测定仪及时了解浓度,达到目标浓度时立即停止使用,这种方法控制精确度较高,配套设备现成,施肥过程不会产生额外热量,初始安装好以后,运行费用较低。根据经验一般每亩日光温室需要释放 1 小时左右就可以了。

⑤增施有机肥。目前生产上比较常见的二氧化碳施肥就是在土壤中增施有机肥和在地面上覆盖稻草、秸秆等，通过微生物降解作用，缓慢释放出二氧化碳，供给植物生长发育的需要。

⑥通风换气。在保证棚内温度的前提下，打开通风口通风换气，使温室内的二氧化碳得以补充，通风换气的时间一般是在 10：00—14：00。

小知识

二氧化碳施肥过程中的环境管理

在增施二氧化碳的条件下，叶片气孔开张度缩小，叶片气孔水蒸气扩散阻力加大，植株蒸腾速率下降，叶片温度上升。增施二氧化碳后，常使作物的叶片肥大，植株生长旺盛，加速植株老化。因此，在增施二氧化碳后，应该采取相应的管理措施。

1. 光照　二氧化碳施肥可以提高光能利用率，弥补弱光的损失。通常，强光下增加二氧化碳浓度对提高作物的光合速率更有利，因此在二氧化碳施肥的同时应注意改善群体受光条件。

2. 温度　从光合作用的角度分析，增加二氧化碳浓度提高光合作用的程度与温度有关，高二氧化碳浓度下的光合适温升高。光合作用最适温度 20～25℃。由此可以认为，在二氧化碳施肥的同时提高管理温度是必要的。有人提出将二氧化碳施肥条件下的温度提高 2～4℃，同时将夜温降低 1～2℃，加大昼夜温差，从而保证植株生长健壮，防止徒长。

3. 肥水　二氧化碳施肥促进作物生长发育，增加对水分、矿质营养的需求（肥水需求大）。因此，在二氧化碳施肥的同时，必须增加水分和营养的供给，满足作物生理代谢需要。但又要注意避免肥水过大造成徒长。应当重视氮肥的施用，增施氮肥利于改善叶片的光合功能。

注意事项：①增施二氧化碳过程中，不可中途突然停止，以免引起早衰。②为了防止植株早衰，应适量施有机肥、深中耕、滴灌，改善根际环境，使根系分布广，提高二氧化碳施肥效果。同时在结果期进行叶面喷肥，促进植株强壮。③适应性锻炼，在整个栽培过程中，开始施用和施用后期的每天施用时间应稍短，以使作物受到驯化，逐渐适应新的二氧化碳环境，这对减轻植株早衰很有效。

思考与训练

1. 温室光环境的调节主要包括哪些方面？

2. 人工补光的依据和方法是什么？

3. 温室的散热有哪几种途径？

4. 温室的保温措施、加温措施、降温措施分别有哪些？

5. 降低温室空气湿度的措施有哪些？

6. 为什么设施内栽培作物要进行二氧化碳施肥，常用施肥方法有哪些？施肥过程中应注意哪些问题？

第四章

设施蔬菜育苗技术

第一节　穴盘育苗

一、穴盘育苗的优点及流程

1. 穴盘育苗的优点　无土穴盘育苗简称穴盘育苗，是以草炭、蛭石等无土材料做育苗基质，以不同孔穴的穴盘为容器，以精良播种生产线自动装基质、播种、覆盖、浇水，然后放在设施或设备内进行环境调控和培育，一次性成苗的现代化育苗技术。采用无土穴盘育苗可培育多种作物幼苗，并且幼苗根系与基质紧密缠绕，定植后无缓苗期。与传统育苗相比较它有许多优点：首先，由于可机械化作业，减轻了劳动强度和工作量，所以省工、省力、生产效率高。穴盘育苗比常规苗龄缩短 10～20 天，劳动效率高 5～7 倍（每人可管理 20 万～40 万株）；其次，由于采用精量播种，一穴一粒，可节省能源、种子和场地，减低生产成本30%～50%；第三，便于科学规范化管理，进行标准化生产，有利于提高秧苗素质，移栽成活率高；第四，适合于远距离运输和机械化移栽。

2. 穴盘育苗的流程　穴盘育苗的流程主要分为基质的配制及营养液的准备、装盘、种子处理及播种、绿化、成苗标准 5 个环节。另外，整个育苗过程还需要一些关键设备作支撑，管理人员还需要具有一定的生产技术。

二、穴盘育苗的种子处理

1. 种子消毒　种子消毒的作用主要是为了杀灭种子携带的病菌。在穴盘育苗中，种子消毒常用以下 3 种方法。

（1）温汤浸种。可以杀灭种子表面携带病菌，还能去除种皮上发芽抑制物，增加种皮通透性。温汤浸种的技术要点：水温 55℃，水量为种子量的 5～6 倍，时间保持 10～15 分钟，注意要不停地搅拌，使种子均匀受热。

（2）药剂处理。将种子用清水浸泡 5～6 小时后，再置于一定浓度的药液中浸泡进行消毒，主要是杀灭种子表面携带的病菌。例如：用 10％的磷酸三钠或 2％的氢氧化钠或 1％的高锰酸钾水溶液浸种 20～30 分钟，可预防番茄和甜（辣）椒病毒病；用 100 倍福尔马林溶液浸种番茄种子 15～20 分钟，能防治番茄早疫病；黄瓜种子用 100 倍福尔马林浸种 30 分钟，能预防黄瓜枯萎病和炭疽病；茄子种子用 300 倍福尔马林浸种 15 分钟，能预防茄子枯萎病的发生。

药剂消毒应当注意，严格按照规定时间和规定浓度进行；药剂处理后用清水反复冲洗干净，方可播种或催芽，否则可能引起药害。

（3）干热处理。将充分干燥的种子置于 70℃环境中处理 2～3 天。有钝化病毒、活化种子的作用，可以使种子发芽整齐。

2. 种子活化处理

（1）赤霉素等处理。常用 0.01％的赤霉素处理茄子等蔬菜种子，可以打破种子休眠，加快种子发芽速度，提高种子的活力。0.01％苄基腺嘌呤和 0.5％硫脲处理种子，有同样效果。

（2）聚乙烯醇处理。用 1％的聚乙烯醇处理茄子、芹菜、胡萝卜等种子 7～14 天，可以促进发芽。

（3）几种盐溶液处理。用 2％～4％硝酸钾溶液处理 6 天左右，可以大大提高白菜种子的发芽速度和发芽率。处理后的安全贮藏期为 6～8 个月。

（4）微量元素浸种。用 0.05％～0.1％硼酸、硫酸锰、硫酸锌、钼酸铵溶液浸种 24 小时，对于茄果类，有促进根系发育和壮苗的作用。

3. 种子包衣和丸粒化

（1）包衣。包衣剂大多为杀菌剂和杀虫剂。目的是清除种子携带的病菌和虫卵。包衣剂还使用细胞分裂素、赤霉素、乙烯等能够促进种子发芽的药剂。此外，还可以用钙、镁、磷、硼等做包衣剂，为种子萌发和幼苗生长提供营养，有壮苗的作用。包衣后基本不改变种子的形状。

（2）丸粒化。指用可溶性胶将填料以及有益于种子发芽的辅料附着在种子表面，使种子成为一个表面光滑的、形状大小一致的圆球，以便于播种机工作和节约种子。填料主要是硅藻土，还可以用蛭石、滑石粉、膨胀土、炉渣等。填料的粒径一般在 35～70 目。可溶性胶有阿拉伯胶、树胶、乳胶、聚酯酸乙烯酯、乙烯吡咯烷酮、羟甲基纤维素、甲基纤维素、醋酸乙烯共聚物等，也可以用糖类。丸粒化过程中，也可以加入杀虫剂、杀菌剂以及发芽促进物。丸粒化的方法有气流成粒法和载锅转动法。我国主要采用载锅转动法。

4. 浸种 浸种是为了使种子在较短时间内能够吸胀，促进种子尽快发芽而采取的一项措施。一般浸种要求水温 20～30℃，水量为种子体积的 3～5 倍，吸涨浸泡时间与蔬菜种类有关。番茄、茄子、青椒、甜瓜、西瓜、丝瓜、冬瓜、苦瓜、南瓜等需要 8～12 小时；黄瓜、莴苣 6～8 小时；芹菜、胡萝卜、菠菜则需要 24 小时；白菜、萝卜需 4 小时；豆类需 2 小时。

5. 催芽　为了让种子萌发迅速和整齐，把吸足水的种子置于适宜发芽温度条件下，保湿促进其发芽。催芽需要条件：首先是适宜的温度，喜温蔬菜 28～30℃、喜冷凉蔬菜 20～25℃；其次要求充足的氧气，种皮去黏膜、采用纱布包裹种子、甩脱浮水；第三要求适宜的湿度，最好用湿纱布包好种子，外面再用一块拧去浮水的湿毛巾包住，然后用塑料袋装好或者用塑料薄膜包好进行保湿。

适宜的催芽场所有恒温箱、温暖的温室内、炉火附近、炕头、电热毯等，种子量较少时，也可以放在贴身内衣口袋里进行催芽，效果良好。注意每天翻动种子 1～2 次，当有 70% 左右种子出芽时即可播种。

▼ **小知识**

催芽注意事项

防止缺水，造成籽干和芽干；可以变温处理，防止温度过高过低；防止多水，造成沤籽；萌动时停止搓洗和漂洗，防止伤芽；防止胚芽过长，以小于 0.5 厘米为宜。

有时还要进行低温练芽。一是增强种子的耐寒能力；二是在寒冷季节天气不好需等待天晴播种，低温可控制芽的长度。具体方法就是在种子萌动时放在 2～5℃低温环境下进行练芽 1～2 天。

三、穴盘育苗的基质及其处理

1. 适宜基质的选择

（1）育苗基质性状的要求

①物理性状。粒径 0.1～0.8 厘米，容重 0.15～0.8 牛/米³，总孔隙度 70%～90%，大小孔隙比 1/4～1/3。

②化学性状。电导率（EC）0.75～2.00 毫西门子/厘米，pH 5.8～6.5(1∶5 稀释法)。

③生物学性状。无病原菌、虫卵和杂草种子，有机肥要腐熟。

（2）穴盘育苗常用的配方

①草炭∶蛭石＝（2～3）∶1；

②草炭：蛭石：珍珠岩＝1：1：1；

③草炭：蛭石：菇渣＝1：1：1。

草炭和蛭石中含有一定量的养分，但是不能满足幼苗生长的需要，还应加入一定量的缓效肥，如鸡粪、酱渣等，以及少量化肥。如：N：P_2O_5：K_2O＝15：15：15的三元复合肥，混合均匀即可使用。一般培育果菜类幼苗，每立方米中加入2～3千克复合肥，白菜类及其他叶菜类加入1～2千克即可。

配好的基质除含有一定的养分以外，含水量以40%～50%为宜，过多基质容易粘黏，不便于装盘，水分过少，水分不易与渗透，不利于出苗。

2. 基质消毒 为防止苗期病害发生，应对基质消毒，常用消毒方法有6种。

（1）甲醛消毒。用40%甲醛稀释100～200倍，均匀喷洒在基质中，每立方米用甲醛50～100毫升。然后用塑膜密封24小时后，摊晾2天以上，待药味完全挥发后使用，以防产生药害而影响出苗。这种方法操作简便，杀菌效果好。

（2）福美双混合制剂消毒。每立方米基质加入50%福美双和70%五氯硝基苯各80～100克，充分混合拌匀即可使用。该法用药不宜过多，易产生药害。这种方法可以防止瓜类猝倒和立枯病。

（3）代森锰锌混合制剂消毒。每立方米基质中加入65%代森锰锌25～30克、70%五氯硝基苯24～30克，充分混合均匀，即可使用。该法用药量不宜过多，否则产生药害。此法可以防治茄果类蔬菜苗期猝倒和立枯病。

（4）多菌灵消毒。每立方米加入50%多菌灵粉剂80～100克，充分混合即可使用。

（5）溴甲烷消毒。每立方米加入溴甲烷100～150毫升，充分混合均匀，塑膜密封3～5天，然后摊晾2～3天，带药味散发后使用。

（6）蒸汽消毒。将基质放入蒸汽消毒容器里，使温度达到100～120℃，维持1～2小时，即可达到消毒目的。该方法需要配置蒸汽锅炉和消毒器，价格昂贵。

四、穴盘育苗的营养液配方与管理

育苗基质具有土壤的作用，固定幼苗根系、提供水分和养分。因此，基质的养分状况，对培育高质量菜苗影响很大。

1. 穴盘育苗的营养液配方 复合基质虽然含有一定的养分，但是不能满足幼苗生长发育需要，还需补给养分。补给方法有两种：一是在配置基质时，加入一定量的肥料；二是在育苗过程中适时的向基质中浇灌营养液。

常用的简单营养液配方是：每立方水当中应加入尿素500克；磷酸二氢钾

700 克；硫酸镁 500 克；硝酸钙 700 克，硼酸 3 克；硫酸锌 0.22 克；硫酸锰 2 克；钼酸钠 3 克；硫酸铜 0.05 克；螯合铁 40 毫升（500 毫升/升）。

也可以使用无土栽培使用的园艺营养液配方（表 4-1、表 4-2）。

表 4-1　日本园艺均衡营养液（毫克/升）

肥料名称	化合物用量	肥料名称	化合物用量
硝酸钙	950	硼酸	3
硝酸钾	810	硫酸锰	2
硫酸镁	500	硫酸锌	0.22
磷酸二氢铵	155	硫酸铜	0.05
EDTA 钠	15～25	铜酸钠或钼酸铵	0.02

表 4-2　微量元素通用配方（毫克/升）

肥料名称		化合物用量	肥料名称	化合物用量
EDTA-钠	任选一种	20～40	硫酸锰	2.13
硫酸亚铁		15	硫酸铜	0.08
硼酸	任选一种	2.86	硫酸锌	0.22
硼砂		4.5	钼酸铵	0.02

2. 穴盘育苗的营养液管理　通过浇灌营养液补充养分时，不同季节、不同生育期、不同的营养液配方，浇灌营养液的剂量是不一样的。一般在高温季节浇灌次数多些，3～4 天一次，低温季节浇灌次数少些，6～7 天一次；在苗子小时，浓度低些，生长的中后期浓度大些；高温季节营养液剂量低些，低温季节营养液剂量适当高些。

五、穴盘育苗的生产技术

1. 装盘　准备好基质，将基质装入穴盘孔穴中，注意不要将基质压紧，以自然装满各个孔穴为宜。可先用刮板从穴盘的一端刮向另一端，使得每个孔穴都装满基质，特别是四周孔穴里，应该同中间孔穴一样，基质不能装得过满，装盘后各个格室能清晰可见。

2. 压穴　压穴是为了便于播种，可以使用专门的压穴器，也可以将装好基质的苗盘 4～5 个一摞，上面放一张空盘，两手平放在空盘上，均匀用力下压至要求深度即可。还可以使用压穴器（图 4-1），它是依据育苗的种类和育苗使用穴盘的孔穴数专门制造的工具，所压出的播种穴大小均匀一致，而且效率较高。

3. 播种 将种子播于压好穴的苗盘中，可以用精良播种机播种（图 4-2），也可以用手工播种。不得漏播。

图 4-1 压穴器

图 4-2 自制便携式精量播种器

4. 覆盖 播种后用蛭石覆盖。把蛭石倒在穴盘上，用刮板从穴盘一方刮向另一方，去掉多余的蛭石。也可以使用机械化覆盖。播种深度以与格室相平为宜，不要过厚。覆盖使用的蛭石直径要求在 2～3 毫米，不能太小，否则在高温季节浇水后容易通气不良，影响种子发芽。

5. 浇水 播种覆盖后需要及时浇水，浇水一定要浇透，目测时，以穴盘底部小孔的渗水孔看到水滴为适宜。穴盘育苗实践当中，这种干播法有时会出现育苗基质过于干燥，以致浇水不透的现象，导致出苗率下降、幼苗生长极不整齐的现象。最好的方法是采用湿播法，即装好盘后，先浇水，等把基质彻底洇透、压穴后再播种。这种方法出苗整齐度高，效果好。

人工方法喷淋浇水时，最好选择 1 000 目的喷头（图 4-3），这样喷出的水滴较小，不会冲刷覆盖材料，同时在幼苗出土后浇灌中，可以避免喷淋水滴过大而砸伤幼苗。当资金充足时，可以安装自走式喷淋设备（图 4-4），浇水效率大大提高。

图 4-3 人工浇水

图 4-4 自走式喷淋装置

6. 分苗 分苗的作用是为了扩大秧苗生长的营养面积，使秧苗生长健壮，根冠比增加，秧苗长势均匀，有利于培育适龄壮苗，提高成品苗率。

根据成品苗的生理苗龄要求，茄果类、甘蓝类等，可提前播到 288 孔穴盘中，幼苗长到 1～2 片真叶时，分到 72 孔穴盘中。在冬、春低温时间分苗，手提苗一定要晴天；在夏、秋高温时间分苗，最好在阴天或下午进行。

7. 环境调控

（1）水分

①水分要求。不同蔬菜种类的不同生育时期对水分的要求，具体见表 4-3。在穴盘育苗过程中，应当根据不同生育时期对水分的要求进行灌水。

②温度和季节对基质水分的影响。在高温季节，植物代谢快，耗水多，基质蒸发快，浇水量和浇水次数就多；而在低温季节，幼苗生长慢，基质蒸发少，耗水少，浇水次数和浇水量就小。

③浇水方法。常采用喷淋方法。

④浇水时间。最好是在晴天上午。

⑤浇水要求。浇水要透，否则根系不下扎，根坨不易形成，起苗易断根。特别在起苗前一天或当天，浇一次透水，这样幼苗容易从孔穴中拔起，还可使幼苗在长距离运输中不会因缺水而死苗。

表 4-3　不同蔬菜种类及不同生育时期对水分的要求（%）

蔬菜种类	播种至出苗	子叶展开至 2 叶 1 心	3 叶 1 心至成苗
茄子	85～90	70～75	65～70
辣椒	85～90	70～75	65～70
番茄	75～85	65～70	60～65
黄瓜	85～90	75～80	75
芹菜	85～90	75～80	70～75
生菜	85～90	75～80	70～75
甘蓝类	75～85	70～75	55～60

（2）基质养分。注意补充幼苗生长发育需要的养分。但应注意高温季节育苗时，养分浓度宜低；低温季节育苗时，养分浓度宜适当提高。

子叶展开后，即可喷洒营养液。喷施时间应在 10：00—11：30；若边缘干燥可用喷壶喷洒。每天晚上尽量使苗子处于最干燥状态。

（3）气体条件。包括温室环境气体和基质中气体。①温室环境空气。温室气体主要指二氧化碳和氧气。在温度、光照和营养等条件好的时候，极易出现二氧化碳饥饿现象，因此，在保护地育苗时，适当增施二氧化碳是培育优质壮苗的重要措施之一。通常使用的方法就是通风，有条件的可进行二氧化碳施肥。②基质中气体。育苗基质中的气体，影响着根系的发育，氧气充足时，根系发达，代谢旺盛，根系才能把基质缠绕起来。因此，选择选配基质一定要符合根系发育对基质理化性质的要求：疏松，透气，保水供水性和保肥供肥性好等。

（4）温度。主要是气温、根际温度和昼夜温差对穴盘苗的生长发育影响较大。不同蔬菜穴盘苗的发芽适宜温度、幼苗适宜温度和成苗后适宜温度不同，见表4-4、表4-5和表4-6。

表4-4 不同蔬菜种子的发芽温度（℃）

蔬菜种类	最低温度	适宜温度	最适温度	最高温度
芦笋	10	15～29	24	35
甘蓝类	4.5	7～29	24	38
黄瓜	12.9	16～33	30	35
茄子	16	24～35	30	35
生菜	2	4～27	24	29
甜瓜	15.5	24～35	32	38
辣椒	15.5	21～32	30	35
南瓜	15.5	21～32	30	36
番茄	10	15～30	29	35
西葫芦	15.5	21～32	30	37
西瓜	16	21～35	32	38

表4-5 不同蔬菜幼苗期对温度要求（℃）

作物种类	白天	夜间
茄子	25～28	18～21
辣椒	25～28	18～21
番茄	20～25	15～18
黄瓜	25～28	15～16
甘蓝类	18～22	12～15
甜瓜	25～28	17～20
西葫芦	20～23	15～18
西瓜	25～30	18～21
生菜	15～22	12～16

表 4-6　成苗温度（℃）及苗龄

物种类	白天	夜间	苗龄（周）
茄子	25~28	13~20	10~12
辣椒	18~24	13~18	10~12
番茄	18~24	13~15	7~9
黄瓜	25~28	12~15	4~5
甘蓝类	16~21	10~16	7~9
甜瓜	25~28	17~20	4~5
西葫芦	18~21	12~15	4~5
西瓜	21~27	13~15	4~5
生菜	13~18	10~13	5~7

①气温。气温是壮苗重要条件，影响着菜苗生长速度。温度高，幼苗生长快，易徒长；温度低，生长慢，延长育苗时间，苗龄过长，也容易老化。

不同蔬菜幼苗发育阶段温度管理是不一样的，一般的是呈阶梯式递减变化，即：播后发芽阶段温度最高，60%以上顶土时，降低温度，但仍然维持较高状态，保证齐苗；2叶1心后适当降温，保持在生长适温状态；成苗后定植前再次降温炼苗。

不同季节育苗，温度管理重点不同，低温季节以保温增温为主，高温季节以降温为主。因此，冬季育苗，温度不足时，应启用临时加温设施，而夏季育苗时，应采取措施降低设施环境温度，如遮阳等。

②根际温度。根际温度对根系生长、养分水分吸收等影响极大。对根际温度的要求，不同种类蔬菜不同，根际温度适宜，根系生长快、发达，能很快缠绕基质，苗岭缩短；根际温度低，则相反。一般果菜类蔬菜根系生长最低温度为10 ± 2℃，瓜类等偏高些，如黄瓜，适宜根际温度为 20~25℃。如果根际温度小于20℃，根系生理活动则变慢，低于 12℃则停止生长。西葫芦和番茄等可以要求低些，但不得低于7℃。

在工厂化育苗时，苗盘一般是摆放在苗架上或者就地面摆放，根际实际是处在空气当中，因此气温的管理，实际也就是根际温度的管理。一般要求根际处气温不得低于作物种子发芽的最低温度或根系伸长的最低温度。

③温差。幼苗生长需要一定的温差，一般保持 8~10℃温差有利于幼苗生长发育。阴天也应有 2~3℃的温差较为适宜。

（5）光照。光是蔬菜幼苗进行光合作用不可缺少的条件，对幼苗生长起重要作用。

①光照强度。一定范围内，光强直接影响着叶面积、叶厚度、茎粗以及茎叶

重、株高等，均随着光照强度的提高而增大。同时，对于果菜类蔬菜，光照强度还影响花芽的分化节位和质量。光照强，花着生的节位降低，分化质量高，花芽数量也多；反之，则相反。

特别强调的是，冬春寒冷季节育苗，遇到连阴雪、雨天气，也要每天开草苫等保温覆盖物见光，否则穴盘苗就会黄化褪绿，甚至造成秧苗死亡。

光照过强，也会影响秧苗生长。炎夏酷暑时育苗，为防治光照过强，需加盖遮阳网，但也要在16:00以后把遮阳网去掉，第二天10:00—11:00光照过强时再盖上。

②光照时间。光照时间的长短影响到幼苗接受光量的多少，随着光照时间的增加，植株的生长较为旺盛，例如，茄子幼苗在12～16小时的光照时间内，植株生长旺盛，促进了花芽分化，而日照在4小时以下时，花芽分化显著推迟，着花节位显著增高。对于瓜类幼苗，缩短日照至8小时，能够增加雌花的发生，着瓜节位降低，可以提早开花结果。一般根据自然状态，为了增加光合产物，在保温的状态下，尽量延长光照时间。

8. 秧苗锻炼　定植前对秧苗进行适度的低温、控水处理，增强秧苗的抗逆性以适应定植后的气候环境，这种处理过程称为秧苗锻炼。锻炼程度应以能适应定植后的环境为依据。定植前5～7天逐渐加大温室的通风量，降温排湿，控制浇水，特别是降低夜温，加大昼夜温差，由白天通风过度为昼夜通风。果菜类定植前夜间最低气温可降到7～8℃，耐寒性蔬菜可降到1～2℃。定植前2～3天，育苗的日观温室上下通风，大棚两侧大通风。

小知识

壮苗标准

生长健壮，高度适中，茎粗节短。叶片较大，舒展，叶色浓绿，有光泽。子叶大而肥厚，绿色有光泽。根系发达，侧根多，洁白不发黄。秧苗生长整齐，既不徒长也不老化。无病虫危害。若用于早熟栽培的秧苗，应带有肉眼可见的健壮花蕾，且营养生长和生殖生长协调。适应能力强，定植后缓苗快。

第二节　嫁接育苗

一、嫁接育苗的意义

在栽培中，通过蔬菜嫁接换根措施，利用砧木根系发达、抗病、抗寒、吸收力强的特点，有效地避免和预防土传病害的发生和流行，并能提高蔬菜对肥水的利用率，增强蔬菜的适应性和抗逆性，从而达到增产的目的。

二、嫁接育苗的方法

1. **砧木选择**　优良砧木应具备以下特征：与接穗亲和性好、共生性强；高抗病性或者对病害免疫；适应性和抗逆性强，耐低温、耐高温、耐盐碱；生长发育快，改善品质或者不降低品质。不同蔬菜常用砧木见表4-7。

表4-7　蔬菜嫁接需要的砧木

蔬菜	砧木类型	特点
黄瓜	黑子南瓜	抗枯萎病，促进生长，耐低温
	中国南瓜	抗枯萎病，耐低温
	杂种南瓜	抗枯萎病，促进生长
	多刺黄瓜	促进生长，抗根结线虫
西瓜	瓠瓜	抗枯萎病，促进生长，耐低温
	中国南瓜	抗枯萎病，促进生长，耐低温
	杂种南瓜	抗枯萎病，促进生长，耐低温
	美洲南瓜	抗枯萎病，促进生长，耐低温
	冬瓜	抗枯萎病，促进生长，不耐低温
	多刺黄瓜	抗根结线虫
甜瓜	中国南瓜	抗枯萎病，促进生长，耐低温
	杂种南瓜	抗枯萎病，促进生长，耐低温
	共砧	抗枯萎病，耐低温，延长生育期
番茄	BF津兴101	抗枯萎病，抗青枯病
	Ls-89	抗枯萎病，抗青枯病
	KNVF	抗褐色根腐病、黄萎病、枯萎病、根结线虫
	PEN	抗青枯病、枯萎病、线虫
茄子	津兴1号茄	抗枯萎病，不耐低温
	耐病VF	抗枯萎病，黄萎病，促进生长
	赤茄、青茄	抗枯萎病，促进生长
	黑铁1号	抗枯萎病，促进生长
	角茄	抗枯萎病、青枯病
	番茄	抗黄萎病，不抗枯萎病，耐低温，长势强
	CRP	抗枯萎病，促进生长
	鲁巴姆	抗枯萎病、青枯病、黄萎病、线虫，促进生长

（续）

蔬菜	砧木类型	特点
椒类	PFR-K64	抗病强，长势强
	PFR-S64	抗病强，长势强
	野生龙葵	抗疫病

2. 嫁接方法　蔬菜嫁接方法有三种，即插接法、劈接法和靠接法。

（1）插接法。插接法又称顶插接，是瓜类蔬菜嫁接普遍采用的方法。该方法嫁接的速度快，适合于各种育苗方式培育嫁接苗，特别适合于穴盘育苗，但要求嫁接技术高，对嫁接后的环境条件控制要求严格。具体步骤如下：

①准备砧穗。插接法要求砧木的茎应比接穗的茎粗，一般砧木比接穗提前5～7 天播种，即当砧木幼苗齐苗时播种接穗种子，接穗子叶完全展平时，是嫁接的适宜时期。砧木种子催芽后可直接播于苗床营养钵或穴盘中，接穗种子可集中密播于苗床内。达到嫁接要求时，提前 2～3 天对苗床喷洒一次杀菌剂，嫁接的前一天视苗床干湿程度，向苗床或者苗钵喷淋一次水，准备嫁接。

②嫁接工具。锋利刀片、竹签、嫁接夹、酒精棉球等。

③处理砧木。用刀片或者竹签把砧木幼苗的生长点去掉，然后用竹签从一片子叶的叶腋处，以 30°角斜下插，使竹签尖端达到子叶下胚轴的另一侧皮层，使捏在该部位的手指有顶触感为宜，插孔深度约 1 厘米左右。应当注意的是，在插孔时，不要把砧木插劈，插孔的下端应当是个小圆洞，不能是一条缝隙。如果插劈，嫁接后应当固定，否则影响成活。另外，签头透出的部位应在子叶节上或者子叶节下方紧挨子叶节处，否则容易使插孔穿透茎的空腔，影响成活。

④处理接穗。把接穗整株拔起，用清洁的水洗掉幼苗上的尘土，沥干水后，用湿润的棉布覆盖保湿。削接穗的方法在生产中多用的是一刀削或者两刀削法。

一刀削即手拿接穗苗，用锋利刀片在子叶下 1 厘米处，以 30°角向下削一长0.8～1.0 厘米的斜面，要求削面平滑整齐，避免斜面的前端出现毛边或者残留表皮。该法在接穗下胚轴不空心时使用较为合适，如果接穗下胚轴由于徒长空心，使用该法易造成嫁接不牢固，成活率也低。

两刀削即用锋利的刀片按照一刀削方法，削一斜面，然后再在第一刀削位置，与第一刀削面垂直的方向以 30°角斜向下削一刀，这样，使接穗削面呈"三角锥"形，削面长约 1.0 厘米左右。该法由于愈合面大，成活率高，嫁接牢固。但是削两刀，费工费时。该方法特别适合瓜类接穗苗龄较长，下胚轴空心后使用，效果良好。

⑤嫁接。将削好的接穗，削面向下插入砧木插孔中，砧木与接穗的子叶呈"十"字状。插入的深度以插孔的下端能够看见接穗的尖端或者接穗略透出插孔为宜。要求接穗插入要紧实，使砧穗紧密结合，以利于愈合。接穗插入的松紧程度以拇指与食指虚捏子叶，向外轻拔，以不能拔出为适宜（图4-5）。

图4-5　插接法

（2）劈接法。劈接法与果树劈接法非常相似，茄果类蔬菜常采用这种方法，要求砧木和接穗苗龄较大，该法操作简便，成活率高。西瓜和黄瓜嫁接叶常用此法。

①准备砧穗。劈接法要求砧木与接穗茎的粗度相近。不同的接穗，不同的砧木，播种时期不一样，对番茄来说，砧木要比接穗早播3～5天即可；对茄子嫁接，如果采用赤茄做砧木，砧木应早播7天，如果采用托鲁巴姆做砧木，因为托鲁巴姆不好发芽，那么砧木要早播25～30天。西瓜嫁接接穗比砧木早播提前5～7天。砧木种子浸种催芽后播种于营养钵或穴盘等育苗容器中，接穗种子常集中密播于苗床或者穴盘中。嫁接的适宜时期，西瓜为砧木子叶充分展平至第一片真叶展开，接穗从子叶绿化至真叶透心；茄果类为砧木具有5～6片真叶，接穗有2～3片真叶。

②嫁接工具。锋利刀片、竹签、嫁接夹、酒精棉球等。

③砧木处理。茄果类比较简单，保留砧木基部第一片真叶，切断其上部的

茎，从切口处向下直切一刀，深度 1.0～1.5 厘米。瓜类嫁接，先用刀片或竹签把生长点去掉，再用刀片在两片子叶之间茎的中间垂直下切，深度为 1 厘米左右。

④接穗处理。西瓜接穗处理同插接法的"两刀削"法。茄果类接穗可于第二片真叶处切断，基部削成楔形。

⑤嫁接。把削好的接穗垂直插入砧木的切口中，用拇指压平，使砧木与接穗削面充分接触，用嫁接夹固定（图 4-6）。

图 4-6　劈接法

（3）靠接法。操作容易、成活率高；但嫁接费时，效率低。

①播种适期。采用靠接法，黄瓜、西瓜嫁接，如采用南瓜做砧木，砧木应晚播 3～4 天，如果采用瓠瓜做砧木，则砧木应晚播 4～6 天；番茄砧木和接穗同时播种。

②嫁接适期。接穗第一片真叶开始展开，砧木的子叶完全张开，接穗和砧木的高度都为 5～7 厘米。

③嫁接方法。去砧木的生长点，距顶 0.5 厘米的胚轴处自上而下斜切 0.5 厘米，接穗子叶下 1 厘米的胚轴处自下而上斜切 0.5 厘米，切口套插固定（图 4-7）。

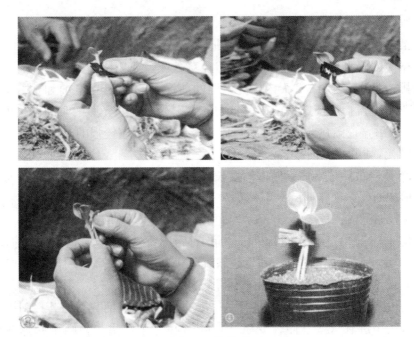

图 4-7　靠接法

三、嫁接育苗的管理

嫁接后的管理主要包括：保温、保湿、遮光、除萌、去固定物等工作。

1. 温度　愈合期（嫁接后 7～10 天内）是温度管理的关键，白天以 28±2℃ 为宜，夜间以 20±2℃ 为宜。在冬春低温季节，应采取保温增温措施，起用加温设备或增加保温覆盖物；而在夏季高温季节培育嫁接苗时，应当采取降温措施，如利用遮阳网等降温。

一般嫁接后 10 天左右，嫁接苗成活。之后，经过通风降温炼苗，恢复正常管理，白天 20～25℃，夜间 13～15℃，防止嫁接苗徒长。定植前 7～10 天降温炼苗，白天控制温度在 20℃左右，夜间 10～13℃，以增强幼苗的适应能力和抗逆性。

2. 湿度　除靠接法外，嫁接苗在愈合期间接穗的供水主要靠砧木与接穗间细胞的渗透以及由叶片从空气中获得，如果苗床内空气湿度低，则接穗极易失水萎蔫，严重影响嫁接苗的成活率。因此，在嫁接前一天苗床浇一次透水，提高砧木苗床湿度，嫁接后及时扣严小拱棚保湿，使空气湿度达到 95％以上。嫁接后 3～4 天内密闭小拱棚，苗床一般不通风，可在早晚阳光较弱时适当通风降湿，后逐渐延长放风时间，成活后撤掉小拱棚，进入正常的管理状态。

3. 光照　嫁接苗接穗没有了根系（除靠接法外），不能吸收水分，如遇强光直射，则蒸腾加剧，接穗就会迅速失水而引起凋萎，造成成活率严重下降，甚至不能成活。因此，嫁接后应当遮阳，避免阳光直射。在嫁接后 3 天内，完全遮阳，不得照射强直射光，可在薄膜外覆盖草苫或者遮阳网，只透过微弱的散射光或者是黑暗状态。第 4～7 天内，在保温的前提下，可在 9：30 前和 16：00 后揭除草苫等遮阳覆盖物，使嫁接苗接受较弱的直射光照射，光照的时间以接穗不萎蔫为度。7 天后，逐渐延长光照时间，使嫁接苗逐渐适应较强的光照，10 天后使幼苗正常见光，以后则进入正常的管理。

4. 除萌　嫁接成活后，砧木的生长点虽然被切除，子叶叶腋间的腋芽仍然能够萌发形成萌蘖，这些萌蘖易与接穗争夺养分和生长空间，直接影响接穗生长发育，必须及时除去。嫁接 5～7 天后，即可有侧芽萌生，应结合苗床通风，注意随时检查，及时去掉砧木上萌生的新芽，除萌时注意不要碰伤接穗和损伤砧木的子叶。

同时，根据嫁接苗的成活和生长状况，进行分级摆放，分别管理，使秧苗生长整齐一致，提高好苗率，也便于出售。

5. 断根与除夹　一般接后 10 天左右，即可判定成活与否。若接口处愈合良好，接穗的下胚轴（茎）伸长变粗，真叶透心并正常生长，则说明嫁接苗已成活。对于靠接法应及时断根，即从接口下方，把接穗的下胚轴切断，注意不要伤及砧木。如果断根后，接穗仍不萎蔫，说明嫁接成活。嫁接成活后及时去掉嫁接夹，并将嫁接夹妥善收起，可反复使用。

小知识

嫁接成活的原理

利用细胞的全能性和再生能力，砧穗嫁接后，各自的形成层开始分裂使之连接，然后分化出新的木质部和韧皮部，使导管和筛管接通。

案例

2014 年前，由于嫁接技术还没有全面推广，河北省曲周县、永年区几个育苗基地茄子还是自根苗，附近菜农栽上茄子后，也未做土壤处理，致使茄棵根腐病、枯黄萎病严重发生，长势极差。菜农们不知道这是土传病害，总是找育苗厂家解决问题，使育苗厂家正常工作受到干扰。2014 年以后，育苗厂家采用嫁接技术育苗，克服了土传病害，菜农和育苗厂家都消除了这方面的烦恼。

第三节 苗期病虫害绿色防控

一、苗期主要病害的绿色防控

(一) 侵染性病害的绿色防控

侵染性病害中致病最多的病原物是真菌,其次是细菌和病毒。无论在哪个季节育苗,苗期病害常有发生,影响秧苗质量,严重时大面积秧苗死亡,造成很大的经济损失,这对蔬菜规模化育苗企业是一个极大的威胁。蔬菜幼苗水分含量较高、糖类及抗病物质含量较少,木栓化组织形成弱,非常容易感病,所以要了解苗期病害,对秧苗严格管理和精心呵护。

1. 猝倒病 猝倒病是蔬菜苗期常见的真菌性病害。

(1) 危害症状。在苗床上的表现就是倒苗。一般幼苗出土到第一片真叶出现前后最易发病。在接近地面茎上,先产生水渍状暗色病斑。病斑绕茎扩展,茎缢缩成线状,使幼苗倒伏。若种子出土前发病,则造成烂种,地面潮湿时,病部及其附近床面长出一层棉絮状白色菌丝。

猝倒病

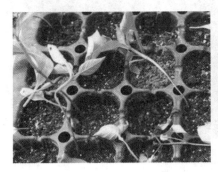

图 4-8 猝倒病

(2) 发病条件。由瓜果腐霉菌引起,该病菌既能侵染又能在土壤里腐生。其寄主很多,甘蓝类、茄果类、瓜类、莴苣、洋葱等都能受害,主要靠土壤传播,也可借雨水、流水、农具等传播蔓延。低温、高湿、苗子瘦弱时极易流行。在15~20℃时繁殖最快,超过30℃时受抑制。长时间10℃以下温度,90%以上湿度,再加光照不足很容易发病。育苗期间遇到阴雨天或连续阴雨后天气转晴时常易发病,穴盘中滴入雨水或浇水过多也易发病。

(3) 防控措施

①农业措施。选用抗病品种;进行种子消毒;清除植物残体,控制杂草,

并对设备和温室进行消毒。使用排水性良好的基质,不使用废旧基质。加强苗期管理,低温季节启用加温设备,避免温度过低;加强通风,降低空气湿度。

②药剂防控。可使用75%百菌清可湿性粉剂600倍液喷药预防,喷洒或浇灌70%乙铝·锰锌可湿性粉剂500倍液;72.2%霜霉威水剂600~700倍液;58%甲霜·锰锌可湿性粉剂500倍液;64%杀毒矾可湿性粉剂500倍液;50%甲霜铜可湿性粉剂600倍液或25%甲霜灵可湿性粉剂800倍液。

2. 立枯病 又称霉枯、黑根病,主要危害大苗。立枯病是在蔬菜幼苗快速生长期发生的主要真菌性病害之一,主要危害茄果类、瓜类、莴苣、甘蓝、白菜等蔬菜幼苗。

立枯病

(1) 危害症状。发病后植株基部发生椭圆形褐色病斑,病部产生缢缩,但发病慢。初期幼苗白天萎蔫,晚上恢复,茎基部黄褐色腐烂。在温暖潮湿环境中,病部产生少量淡褐色蛛网状菌丝,菌丝能形成菌核。

图4-9 立枯病

(2) 发病条件。立枯病主要由半知菌亚门真菌立枯丝核菌引起的。此外,炭疽病菌也可引起立枯病。该病的传染途径与发病条件基本上与猝倒病相同。丝核菌以菌丝体或菌核在土壤中可存活2~3年。发病的温度范围较大,在12~30℃均可发病,在20~22℃时繁殖最快。病菌多由秧苗伤口或表皮侵入,在通风不良和高温、高湿的条件下最易发生和蔓延,特别是幼苗徒长的状态时最易发病。

(3) 防治措施

①农业防治。播种前或收获后,清除田间及四周杂草和农作物病残体;选用抗病品种;用"二开一凉"温水(55~60℃)浸种半小时,可消灭种子表面病菌;用种子重量0.5%的50%多菌灵可湿性粉剂或70%甲基硫菌灵可湿性粉剂

拌种；用种子重量 0.5%～0.8% 的 50% 多菌灵可湿性粉剂或种子重量 0.6% 的 50% 甲基硫菌灵可湿性粉剂拌种。

②药剂防控。发病初期开始喷施，可用 50% 胂·锌·福美双可湿性粉剂 500 倍液；20% 甲基胂酸锌（稻脚青）可湿性粉剂 1 000 倍液灌根；50% 多菌灵可湿性粉剂 500～800 倍液；70% 甲基硫菌灵可湿性粉剂 1 000 倍液；15% 恶霉灵水剂 1 000 倍液；在幼苗出土后，每隔 7～10 天喷药一次，连续 2～3 次。

3. 疫病

（1）危害症状。叶片边缘油烂、黑秆、果硬。

图 4-10 疫 病　　　　　　　　　　　　　　　疫 病

（2）发病条件。病源属鞭毛菌亚门真菌，发病的适宜温度为 18～22℃。低温、高湿是该病发生、流行的主要条件。大棚种植过密、温差大、阴雨天多、光照弱、大水漫灌、放风不及时等，均有利此病的发生和流行。

（3）防控措施

①农业措施。控制温度、勤放风。调控湿度，晴天中午高温短期放风，阴天早晨放风半小时排雾。

②药剂防控。当田间发现中心病株时，要及时喷药防治。喷药后闭棚增温，可提高防治效果。使用 68.75% 氟菌·霜霉威（银法利）悬浮剂 50～75 毫升/亩均匀喷雾，可以达到保护和治疗的双重效果。

（二）生理性病害与防治

生理病害是由于植物自身的生理缺陷或遗传性疾病或由于在生长环境中有不适宜的物理、化学等因素，直接或间接引起的一类病害。它与侵染性病害的区别在于没有病原生物侵染，在植物的个体间不能传染，所以又称为非传染性病害。不适宜的物理因素主要包括温度、湿度和光照等气象因素的异常。不适宜的化学因素主要包括土壤的养分失调、空气污染和农药等化学物质的毒害等。

1. 烧根　在穴盘育苗的条件下，产生烧根的主要原因是营养液浓度过高，或者配制的营养液浓度并不高但在连续喷浇过程中盐分在基质中逐渐积累而产生危害。配制营养液时铵态氮的比例超过营养液总氮量的30%也易引起烧根现象。

（1）危害症状。幼苗发生烧根现象时，根尖发黄、须根少而短、不发或很少发出须根，但根系不腐烂。茎叶生长缓慢、矮小脆硬，容易形成小老苗。叶色暗绿、无光泽，顶叶皱缩。

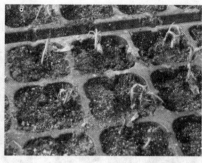

图 4-11　烧根　　　　　　　　　　　　　　　　烧　根

（2）防控措施。在育苗过程中，必须按照要求配制营养液，不可随意改动营养液的组成与浓度，也不能随意更换配制营养液所用的化肥种类，更不可用铵态氮肥料代替硝态氮或尿素；如果想要改进营养液配方，必须经过试验再推广使用。通常情况下，育苗的浇水与施肥是2~3次营养液与一次清水轮回。在夏季高温季节，水分蒸发量大，可适当降低营养液的总浓度或者是浇1~2次营养液后浇一次清水，防止盐分的快速积累。症状解除产生新根后再转入正常管理。

2. 沤根　其主要原因是基质温度<12℃，且持续时间较长，再加上浇水较多，根系始终处于冷湿与缺氧状态，呼吸受阻，吸收功能下降。这种不良状态如果持续时间较长，超过了幼苗根系的耐受程度时发生。

图 4-12　沤根　　　　　　　　　　　　　　　　沤　根

（1）危害症状。沤根的症状是根部不发新根，根皮发朽腐烂。幼苗萎蔫，茎叶生长受到抑制，叶片逐渐发黄，不生新叶。幼苗很容易拔起。喜温性果菜类在冬、春季的育苗期间，尤其是在无加温的温室中遇到连续阴雨雪天、光照不足的条件下易发生。

（2）防控措施。防止沤根的主要措施是浇水适量，基质温度不能过低，或者采用架床育苗，或者采用苗床下加温育苗的方法。发现沤根后应及时控制浇水，提高室温或基质温度，促进根系生长。

3. 寒害

（1）危害症状。对于喜温性果菜幼苗，寒害的表现可分两种：第一种是在育苗期间长期处于低温或连续阴雨雪天气时，幼苗的根系活力降低，吸水能力明显减弱，突然遇到温度急剧升高或天气晴朗，蒸发量急剧上升后则会出现叶片萎蔫现象。

寒害

轻者白天萎蔫，夜间恢复；重者叶片缺水过度，难以恢复而凋零，甚至幼苗死亡。第二种是在冬季通风时，寒风直接伤害叶片，子叶或真叶尖端下垂，黄瓜等瓜类幼苗子叶边缘发白，如果不及时挽救，很快会形成冻害而使整株死亡。

寒根苗　　正常苗

图 4-13　幼苗寒根

（2）防控措施。对于第一种情况的防控方法是提高基质温度，保持根系正常吸收能力。如果寒害已经发生，必须注意防止生理缺水而造成的萎蔫。避免室内气温急剧上升，可以通过适当遮阳，逐渐加大光照强度，防止叶片失水萎蔫。切忌通风降温，否则更容易加大叶片的水分蒸发，不利于水分平衡的恢复。第二种情况是属于管理失误而出现的灾害，应该及时关闭通风口。如果光照强、室内温度高，也可适当遮阳，使其逐渐恢复。

4. 气体危害　发病原因与施肥及温室管理有关。如果大量施用铵态氮化肥，在温室通风不良或完全密闭的情况下，空气中的氨浓度达到 5 微升/升时，就会对幼苗产生毒害。基质中施用的有机肥料过多，如果基质呈强酸性，则有利于亚硝酸气体的产生，当空气中亚硝酸气体含量达到 2 微升/升时就会产生毒害。

（1）危害症状。育苗温室中的有害气体主要是氨气和亚硝酸气。受害的叶片，初期是在叶缘或叶脉间出现水渍状斑纹，2~3 天后受害部位干枯。这时氨气受害部位褐变，亚硝酸气受害部位变成白色。两种有害气体危害的部位与健康部位的分界比较明显，叶背受害部位下凹。

氨气危害

图 4-14　氨气危害

（2）防控措施。一般在蔬菜穴盘育苗中不会出现气体危害。但是如果在基质中加入有机肥过多，就有可能发生气体危害。所以在配制基质时，肥料的种类与腐熟程度至关重要，特别是使用膨化鸡粪更应注意，避免产生发芽障碍及气体危害。不要过量施肥，不可偏施氮肥。一旦发现幼苗遭受气体危害，应立即通风换气，排除有害气体，加强管理，使其逐渐恢复生长。可用较为精密的 pH 试纸，蘸取棚膜上的水滴试验。如果 pH＞8.2 时，可以认为即将发生氨气危害；当 pH＜6 时，有可能出现亚硝酸气的气体危害。

二、苗期主要虫害的绿色防控

蔬菜幼苗害虫主要由潜叶蝇、蚜虫、白粉虱等，如果防治不及时，对秧苗生长发育影响较大，甚至造成育苗失败。

1. 潜叶蝇

斑潜蝇

（1）危害症状。以幼虫潜入寄主叶片表皮下，曲折穿行，取食绿色组织，造成不规则的灰白色线状隧道。危害严重时，叶片组织几乎全部受害，叶片上布满蛆道，尤以基部叶片受害最重，甚至枯萎死亡。成虫还可吸食植物汁液使被害处形成小白点。

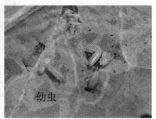

危害状　　　　　　　　成虫　　　　　　　　幼虫

图 4-15　斑潜蝇

（2）生活习性。潜叶蝇为多发性害虫，一年中发生代数随地区而不同。西北地区每年发生 3～4 代，华北、东北地区一年发生 5 代，而华南地区一年可发生 12～15 代，广东、海南一年可发生 18 代。在北方地区，以蛹在油菜、豌豆等叶组织中越冬；长江以南、南岭以北则以蛹态越冬为主，有少数是以幼虫和成虫越冬；在华南温暖地区，冬季可继续繁殖，无固定虫态越冬。潜叶蝇有较强的耐寒力，不耐高温，夏季气温 35℃ 以上就不能存活或以蛹越夏。因此，一般以春末夏初危害最重，夏季减轻，南方秋季危害又加重。由北向南，春季危害盛期显然递增，秋季则相反。潜叶蝇成虫活跃，白天活动，吸食叶片汁液；夜间静伏隐蔽处，但在气温 15～20℃ 时的晴天夜晚或微雨之夜仍可爬行飞翔。卵产在嫩叶上，位置多在叶背边缘。

卵期在春季为 9 天左右，夏季为 4～5 天。幼虫孵化后即由叶缘向内取食，穿过柔膜组织到达栅栏组织，取食叶肉留上下表皮，造成灰白色弯曲隧道，并随着幼虫长大，隧道盘旋伸展，逐渐加宽。幼虫共 3 龄，历期 5～15 天。老熟幼虫在隧道末端化蛹，蛹期 8～21 天。羽化时，将隧道末端表皮咬破，以便蛹的前气门与外界相通，且便于成虫羽化，由于这一习性，在蛹期喷药也有一定的效果。

温度对潜叶蝇发育有明显的影响。成虫较耐低温，幼虫和蛹发育适温都比较低，一般成虫发生的适宜温度为 16～18℃，幼虫 20℃ 左右，当气温在 22℃ 时发育最快，完成 1 代只需 19～21 天；温度在 13～15℃ 时，则需 30 天；温度升高至 23～28℃，发育期缩短至 14.2 天。高温对其不利，超过 35℃ 不能生存，因此在夏季高温时，幼虫、成虫和蛹的自然死亡率迅速升高。

（3）防控措施

①农业措施。适时灌溉，清除杂草，消灭越冬、越夏寄居场所和虫源，降低虫口基数。

②药剂防控。掌握成虫盛发期，及时喷药，防止成虫产卵。成虫主要在叶背面产卵，应喷药于叶背面。或在刚出现危害时喷药防治幼虫，要连续喷 3～5 次。可用阿维菌素和氯菊酯，也可使用乐果乳油防治。在卵孵化盛期和幼虫发生期用

1.8％乳油3 000～5 000倍液喷雾，防治潜叶蝇可用10％乳油1 000～2 000倍液或40％乳油1 000～1 200倍液喷雾。

蚜 虫

2. 蚜虫

（1）危害症状。在蔬菜上常见的蚜虫有萝卜蚜、桃蚜、棉蚜、瓜蚜和菜蚜等，均为同翅目的蚜科。蚜虫吸食植物汁液，为植物的大害虫。不仅阻碍植物生长，形成虫瘿，传播病毒，而且造成花、叶芽畸形，严重时植株停止生长，甚至全株萎蔫枯死。

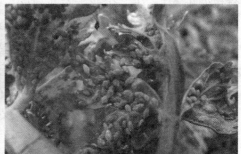

图 4-16 蚜 虫

（2）生活习性。多数种类的蚜虫为同寄主全周期，只在同类寄主植物间转移，雌雄性蚜均无翅，有时雄蚜有翅，以受精卵越冬。多数蚜虫在热带、亚热带、温室或温暖的小环境中全年孤雌生殖，不出现越冬的受精卵。蚜虫的繁殖力很强，一年能繁殖10～30个世代，世代重叠现象突出，当5天的平均温度稳定上升到12℃以上时，便开始繁殖。在气温较低的早春和晚秋，完成1个世代需10天；在夏季温暖条件下，只需4～5天。气温为16～22℃时最适宜蚜虫繁育，干旱或植株密度过大有利于蚜虫危害。

（3）防控措施。在穴盘育苗中，蚜虫虽不经常发生，一旦发生就会传播病毒病导致秧苗质量降低，如果防治不好就会造成很大的损失。蚜虫虫体较软，行动迟缓，繁殖快，所以在蔬菜穴盘育苗中，对蚜虫的早期防治非常重要。如果只有局部发生蚜虫危害，可以进行局部防治；如果已多点发生则应全面喷药防治。

①农业措施。在育苗温室通风口部位安装50目防虫网，温室内悬挂黄板（每亩30块）等都是有效的防治措施。及时清除育苗温室周围的杂草，切断蚜虫的栖息场所和中间寄主。另外，也可用天敌（瓢虫、蚜狮、草蛉等）防治。

②药剂防控。可用50％抗蚜威可湿性粉2 000～3 000倍液喷雾。抗蚜威在气温15℃以下使用效果不佳，在气温20℃以上为宜。还可用20％氰戊菊酯乳油

2 500~3 000倍液喷雾，或用2.5％溴氰菊酯乳油2 000~2 500倍液喷雾。

3. 白粉虱

（1）危害症状。大量的成虫和幼虫密集在叶片背面吸食植物汁液，使叶片萎蔫、褪绿、黄化甚至枯死，还分泌大量蜜露，引起病害的发生。同时还可传播病毒，引起病毒病的发生。

白粉虱

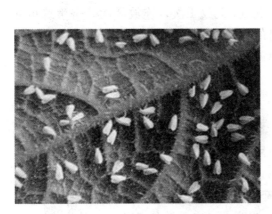

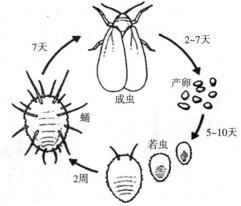

图 4-17　白粉虱

（2）生活习性。在北方温室一年发生 10 余代，华中以南以卵在露地越冬。成虫羽化后 1~3 天可交配产卵，平均每头雌成虫产卵 100 余粒。也可孤雄生殖，其后代为雄性。成虫有趋嫩性，在植株顶部嫩叶产卵，卵以卵柄从气孔插入叶片组织中，与寄主植物保持水分平衡，极不易脱落。若虫孵化后 3 天内在叶背做短距离行走，当口器插入叶组织后开始营固着生活，失去了爬行的能力。白粉虱繁殖适温为 18~21℃，春季随秧苗移植或温室通风移入露地。成虫、若虫以刺吸口器危害叶片，叶被害处发生褪绿斑。危害初始时虫口增加缓慢，5—6 月虫口增长加快，危害加重。成虫对黄色有强烈趋性，避白色、银灰色。成虫不善于飞翔，自然向外扩散的范围较小。在田间多是先点片发生，逐渐向四周扩散。通常各种虫态在植株上呈垂直分布：最上部嫩叶以成虫和初产的淡黄色卵为主；稍下部的叶片多为变黑的卵；再往下的叶片为初龄的若虫；再下部为中、老龄若虫；最下部叶片则以蛹为多，也有部分新羽化的成虫。成虫活动的最适宜温度为25~30℃，温度达 40℃时卵和幼虫大量死亡，成虫活动能力显著下降。

（3）防控措施

①农业措施。不要从白粉虱发生地区调入蔬菜秧苗，一旦不慎将白粉虱带入，必须就地采取措施消灭。在白粉虱已经发生地区，要求将育苗温室与栽培温室隔离一定距离，育苗温室在育苗前应彻底清除残株、杂草，用敌敌畏熏杀残余成虫。育苗温室的通风口上要设置防虫网。初见白粉虱危害时，可在温室内悬挂镀铝反光幕驱避白粉虱，或在温室内设置黄板，每亩30～35块，略高于植株，诱杀成虫。当温室内每株成虫平均达0.5～1头时，释放人工养殖的丽蚜小蜂，每株放丽蚜小蜂成虫3头或黑蛹5头，每15天放1次，连放3次，寄生蜂可在温室内建立种群并能有效地控制白粉虱的危害。

②药剂防控。用10%噻嗪酮乳油1 000～1 200倍液喷雾。每隔7天喷1次，连喷3～4次。

小知识

选育和利用抗性品种

选育和利用抗性品种是防治蔬菜病、虫、草害的重要途径之一。蔬菜的不同品种对病、虫、草害的抵抗能力具有很大差异，有意识地选育和正确利用抗性品种，是防止或减轻病、虫、草害的发生和流行最经济而具实效的办法。

案例

河北工程大学洺关基地使用的育苗穴盘。材料一般有聚苯泡沫、聚苯乙烯、聚氯乙烯和聚丙烯等。尺寸为540毫米×280毫米，因穴孔直径大小不同，孔穴数50～120。栽培中，小型种苗以72～120孔穴盘为宜。

思考与训练

1. 什么是穴盘育苗？其特点是什么？
2. 穴盘育苗需要哪些关键设施和设备？
3. 穴盘育苗生产技术需要哪些步骤？
4. 蔬菜嫁接育苗有哪几种嫁接方法？
5. 穴盘苗有哪几种苗期病虫害？

第五章
设施蔬菜标准化生产技术

第一节　瓜类蔬菜

一、设施黄瓜生产技术

（一）设施栽培茬口安排

1. 塑料薄膜大棚栽培茬口安排　我国南北气候差异较大，采用塑料薄膜大棚进行黄瓜生产，一般早春茬黄瓜多于1月底至2月中下旬育苗，3月上旬至4月上中旬定植，4月上中旬至5月中下旬开始采收，7月底采收结束。秋延后茬在7月中下旬育苗或直播，8月上中旬定植，8月下旬到9月上旬开始采收，11月下旬。

2. 日光温室栽培茬口安排　日光温室越冬一大茬长季节栽培一般于10月播种，11月定植，元旦前后上市，翌年6—7月采收结束，而春季早熟和秋季延后栽培的种植期则分别比大棚提早或延后1个月左右。

（二）适宜设施栽培的黄瓜优良品种

应具备耐低温弱光、耐寒抗病、生长势强和连续结瓜能力较强、早熟性好的品种。主要栽培品种有：津绿3号、津优3号、津优31、津优32、津优35、博娜、中农21、中农29、戴多星、夏多星等。

（三）黄瓜育苗设施及育苗技术

1. 育苗设施的选择　可选用电热温床育苗和穴盘育苗。

2. 育苗技术

（1）普通育苗。黄瓜幼苗期根系分布浅，易老化，断根后再生能力弱。为有效保护根系，多采用塑料营养钵、薄膜营养钵、穴盘、纸袋、营养土块等进行育苗，目前个体生产以塑料营养钵、薄膜营养钵使用较为普遍。

①营养土配制。肥沃的大田土6份，充分腐熟的有机肥3份，炉渣1份，或

肥沃的大田土 6 份，充分腐熟的有机肥 4 份，混匀后过筛，每立方米再加入三元复合肥 2 千克（或加入 10 千克腐熟鸡粪、过磷酸钙 3 千克、草木灰 10 千克）、50％多菌灵 100～150 克，混匀后装入育苗钵中。

②播种与苗期管理。播前种子要经过浸种、催芽、消毒处理。营养钵整齐地排放于苗床上，浇透水，再喷一遍 70％敌克松可湿性粉剂 1 000 倍溶液，每个营养钵播 1 粒发芽的种子，覆土 1～1.5 厘米，覆上地膜，并在上面加小拱棚，必要时夜间小拱棚上再加盖草苫，出苗后撤掉地膜。出苗前白天气温保持在 28～32℃，夜间 17～20℃。出苗后应适当降温，以防止徒长，白天气温可降到 22～25℃，夜间 15～17℃。真叶出现后应适当提温，白天气温保持 25～28℃，夜间 17～19℃。如果苗床干旱需要浇水时，可用喷壶尽量于晴天上午喷洒水，浇后注意通风排湿，当苗床内湿度过高时，可以撒些干土或草木灰以降低湿度，及时防治病虫害，待苗长到 3 叶 1 心时选壮苗进行移栽。移栽前 7～10 天注意进行炼苗，以提高幼苗的适应性和移栽成活率。

（2）嫁接育苗。见第四章育苗部分。

（四）定植及定植后的田间管理

1. 塑料薄膜大棚黄瓜

（1）定植时期和方法。春提早栽培，当棚内最低气温稳定通过 5℃以上时，10 厘米土温稳定通过 10℃时，选择晴天进行定植。秋延迟栽培选择阴天或晴天傍晚进行定植。定植前进行整地施肥，一般每亩施充分腐熟后的有机肥 5 000 千克、磷酸二铵 30 千克、过磷酸钙 100 千克、硫酸钾 20 千克，深翻细耙、做垄。定植前一天将苗床浇一次水，以免在移栽时伤根。选择苗龄适当、大小一致、叶色浓绿、茎秆粗壮、无病虫害的壮苗带土定植。株距 25～30 厘米，宽行距 70～80 厘米，窄行距 40～50 厘米。春提早栽培的应加盖地膜（图 5-1）。

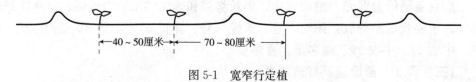

|←—40～50厘米—→|←——70～80厘米——→|

图 5-1　宽窄行定植

（2）温湿度管理。定植后 7～10 天为缓苗期，以保温为主，其间一般不通风，以提高棚内的地温和气温，尽量保持白天 30℃左右，夜间 15℃左右，如温度过高可适当通风。黄瓜生长期尽量保持白天 25～30℃，夜间 10～15℃。阴天、晴天中午要适当通风排湿，控制棚内湿度在 80％左右。如遇早春或晚秋寒流天气，注意保温，避免遭受冷害和寒流的袭击。

（3）肥水管理。黄瓜根系弱，吸收能力差，具有喜肥而又不耐肥的特点。对于采用自根苗栽培的黄瓜，追肥应以"薄肥勤施"的原则进行。前期以氮肥、磷肥为主，后期以氮肥、钾肥为主。在根瓜座稳前一般不进行浇水，缓苗期后看天、看土、看苗浇水。浇水应有促有控，严防瓜秧徒长。前期小灌（水过地皮干），中期适当灌（水过地皮湿），后期大水漫灌。晴天上午灌水，下午通风，阴天不灌水，土壤湿度在50%以下时灌水。每次产量高峰摘瓜后，可结合追肥灌水。

（4）植株调整。定植后，黄瓜植株长到30厘米左右时，可用竹竿做架材，及时插架绑蔓。也可采用吊绳，一株一绳，上端系在顶架或事先拉好的铁丝上，下端直接系在黄瓜根部后用小树枝固定，用吊绳将黄瓜的蔓缠绕固定，并随瓜蔓的生长适时固定，主蔓结瓜为主的品种，侧蔓刚一发生就要及时去除，以防养分的损耗。要及时摘除主蔓以下的老叶、黄叶、病虫叶，以改善通风透光条件，同时去除雄花和卷须，当主蔓爬满架面，约有25片以上叶片时，可进行摘心，以促进结回头瓜。

2. 日光温室黄瓜

（1）定植时期和方法。采用春提早、秋延迟栽培的，定植期比塑料大棚相应提早或推迟1个月，采用越冬一大茬方式栽培的多安排在11月。定植应于晴天的上午进行，这样阳光充足、温度高，有利于黄瓜发新根。定植前一天将苗床浇一次水，以免在移栽时伤根。栽植时按南北向，大小行开沟，大行距100厘米左右，小行距60厘米左右，沟开好后，按株距25～27厘米，先浇水再定植，栽植完后扶好垄，使垄高15～20厘米，春提早及越冬栽培的一定要覆盖好地膜，掏出秧苗，并在小行距膜下浇足水。由于日光温室多采用嫁接苗栽培，在培土起垄时应使嫁接接口离开地面2厘米以上，严防接穗产生不定根下扎到土壤里，影响防治土传病害的效果（图5-2）。

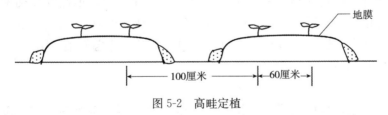

图 5-2　高畦定植

（2）温湿度管理。湿度大是温室黄瓜发病的主要原因，控制好湿度直接关系到生产的成败。黄瓜生长发育的适温是18～32℃。定植后7～10天为缓苗期，其间一般不通风，促进缓苗。缓苗后应及时通风，白天最高温度不超过25℃，夜间维持在10～12℃，防止黄瓜植株旺长。严冬前，棚内温度达到黄瓜生长适温下限时，夜间也要留通风口，以降低棚内湿度，减轻病害的发生。随天气转冷，通风量要逐渐减少。深冬时，一般不通风，若棚温超过30℃，可在中午前后短时间通风，以降温、降湿、换气。连续阴天，注意保温。春季，气温回升，加强通风及揭盖草苫来控制棚内温湿度。

（3）水肥管理。采用节能日光温室栽培黄瓜，因基肥施用充足，根瓜采收前不再进行追肥，但可视生长情况定期采用0.3％磷酸二氢钾加0.5％尿素溶液进行叶面追肥。以后依据瓜秧长势、结瓜量以及天气和季节，适时追肥。黄瓜喜肥但不耐肥，因此每次追肥不宜过多，以优质三元复合肥（15：15：15）20～25千克/次为宜，一般按照肥和水交替进行的方法追施，即每浇水2次，结合浇水追肥一次。

在根瓜坐稳前一般不进行浇水，根瓜采收后可视具体情况采用膜下灌溉。到了深冬时，由于大棚内气温低，植株生长缓慢，水分消耗少，浇水次数少，一般15天左右浇水一次。深冬过后，随着气温的升高，进入结瓜盛期，植株需水量增大，每隔5～7天浇一次水，保证土壤相对含水量在85％左右。

（4）植株调整

①吊蔓。在黄瓜顶部的拱架上南北向拉一道铁丝，将塑料绳的一端系在铁丝上，另一端系在黄瓜的下胚轴上，黄瓜6片叶左右不能直立生长时缠绕在吊绳上，缠绕工作应经常进行，不使茎蔓下垂。为了受光均匀，缠蔓时应使龙头处在南低北高的一条斜线上，个别生长势强的植株应弯曲缠在吊绳上。

②落蔓和盘蔓。冬春茬黄瓜生长期长达9～10个月，茎蔓不断生长可长达6～7米，一般生长过程中需要进行两次落蔓。落蔓时将功能叶保持在日光温室的最佳空间位置，以利光合作用，落蔓过程中要小心，不要折断茎蔓，落蔓前先要将下部老叶摘除干净。

③打老叶、摘卷须和雄花。在缠蔓时，应摘除卷须、雄花以及砧木的萌蘖，同时，黄瓜植株上萌发的侧枝也应及时摘除，以减少养分消耗。打老叶和摘除侧枝、卷须应在上午进行，有利于伤口快速愈合，减少病菌侵染；引蔓宜在下午进行，防止折断茎蔓。

（五）采收

合理采瓜是调整植株营养生长与生殖生长的重要技术措施。前期瓜秧幼小，植株基部的第一批根瓜应适当早采收，以利于植株进入生殖生长旺期，促进中上部的瓜条迅速生长。到了结瓜中后期，要使瓜条长到商品最高标准时采收，瓜条可适当大些，有利于取得高产。待结瓜后期，植株已衰老，已出现畸形瓜，应及早摘除，以利营养集中供应正常瓜条。采收最好早晨进行，轻采轻放，使瓜顶花带刺，保持新鲜。

小知识

黄瓜花打顶

　　黄瓜苗期或定植初期易发生"花打顶"。发病植株的症状表现为生长点不再向上生长，生长点附近的节间缩短，生长点变成花器官，形成雌雄间杂的花簇，不再分化叶片。花开后，瓜条停止生长，无商品价值，同时瓜蔓停止生长。干旱因素造成"花打顶"，如因苗期水分管理不当、定植后控水蹲苗过度造成的土壤缺水，以及因施肥过量而导致的幼苗生理干旱；低温、伤根造成"花打顶"，如设施保温性能不好或低温寡照的天气，导致土壤湿、气温低、地温低而发生沤根或根系吸收能力减弱，都会发生花打顶现象；株形矮、叶小、老化，也易出现花打顶。

二、设施西葫芦生产技术

（一）设施栽培茬口安排

1. 塑料薄膜大棚栽培茬口安排　早春茬于1月中下旬至2月上旬育苗，2月下旬至3月上旬定植，4月中下旬开始采收，7月底采收结束。秋茬瓜在8月中旬育苗，8月下旬定植，11月中下旬采收结束。

2. 日光温室栽培茬口安排　早春茬于12月下中旬育苗，2月上旬定植，清明节前后上市，5月底至6月初采收结束。秋冬茬瓜在8月上中旬育苗，9月中旬定植，供应国庆节后上市，12月中下旬采收结束。越冬茬于10月上中旬育苗，11月上旬定植，元旦、春节收获，下一年5月底采收结束。

（二）适宜设施栽培的西葫芦优良品种

可选择京葫新星、碧玉、长青王1号、东葫6号、冬秀、翡翠2号、冬玉、中葫8号、京莹、法拉利等产量高，抗逆性、抗病性强，效益高的品种。

（三）西葫芦育苗设施及育苗技术

1. 育苗设施的选择　选用电热温床育苗和穴盘育苗。

2. 育苗技术

（1）播种时期的确定。播种最适宜时期，决定于当地的气候条件。西葫芦幼苗期为30～35天，3～4片真叶，定植后必须保障地温在11℃，夜间气温在0℃以上。各地可根据育苗条件和苗龄推算育苗适期。

（2）播种前的准备工作。将田园土6份、腐熟的有机肥3份、炉灰1份混匀后，每吨再加入尿素 0.5 千克，过磷酸钙 10 千克，草木灰 10 千克，配制好营养土。选用塑料营养钵或将旧报纸做成高 8～10 厘米，直径 8～10 厘米杯状，装上营养土排列于温室苗床上。

（3）播种及播后管理。营养钵浇透水分后，把种子放在钵中央，每钵一粒，覆 1～1.5 厘米厚细土并封严营养钵边缘，盖膜。播种后至幼苗出齐前应保持日温 28～32℃，夜温不低于 20℃，争取 3～4 天出齐。幼苗出土后应注意通风，适当降低温度，白天控制在 20～25℃、夜间 12～16℃，防止幼苗徒长。定植前一周适当降低温度，白天控制在 15～20℃、夜间 5～8℃，进行炼苗，提高幼苗抗性。为促雌花，在苗 3 叶期喷施 40%乙烯 2 500 倍液。

（四）定植及定植后的田间管理

1. 塑料薄膜大棚西葫芦

（1）定植时期和方法。春提早栽培的可于 2 月下旬至 3 月上旬定植，为防止病毒病的发生，延秋栽培的最好于 8 月下旬再定植。定植前每亩施入腐熟鸡粪4 000～5 000千克，磷酸二氢铵 25 千克，三元复合肥 15 千克，尿素 15 千克，深翻 15 厘米，耙碎，做成高 15～20 厘米，宽 60 厘米的垄，垄顶中间做 8～12 厘米深的浇水沟（图 5-3）。春提早定植前 10～15 天应扣棚烤地，提高地温。春提早定植应选在晴天上午进行，而延秋栽培应选晴天傍晚或阴天进行，在定植垄上按 50～60 厘米穴距开穴，穴中浇水，待水渗下后放入苗坨，用湿土封穴，并把膜口封严。

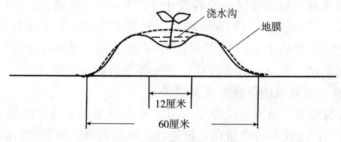

图 5-3　西葫芦高垄定植

（2）温湿度管理。春提早栽培的在大棚内加盖小拱棚，用来提高地温，同时预防灾害性天气，白天去掉棚膜夜间盖上，日温控制在 20～25℃，夜间温度为13～15℃，注意通风排湿，防止秧苗徒长。待 4 月中旬气温升高后，适时去掉小拱棚。并注意大棚通风，防止高温危害。外界的日平均温度达到 15℃以上时，可以昼夜通风，随着外界气温的上升，通风口应逐渐加大。为延长供应期，延迟病毒病发生，一般不撤棚膜。

延秋栽培定植后温度为"前控后保"，刚定植时，外界气温高，应注意通风降温，防止高温烤苗，有条件时，中午时分应用遮阳网等遮阳。缓苗后温度控制在 20～25℃，防止秧苗徒长。第一雌花开放前，温度 22～25℃，根瓜坐住后，温度 22～28℃，促进果实生长发育。随着外界温度逐渐降低，也逐渐减少通风量，中后期往往有寒流并伴随雨雪，要注意保温，保证最低气温不低于 8℃。

（3）肥水管理。西葫芦在重施基肥的情况下，结果中、后期，可视生长情况，结合浇水追肥。

定植水应浇足，缓苗后浇一次缓苗水，第一雌花开放结果前控制浇水，如果十分干旱，可浇跑马水，防止秧苗疯长。第一个瓜坐住后可浇大水。前期要及时通风排湿，中后期虽然气温低，晴天中午也要放风排湿。进入结瓜盛期，要每7～10 天浇一次水，每浇两次水追一次肥，结合浇水每亩追施尿素 15～20 千克，磷酸二氢钾 20 千克。

（4）植株调整。塑料大棚西葫芦采用匍匐栽培法，为改善通风透光条件减少营养消耗，及时去掉病、老、黄叶，带到棚外深埋或焚烧，以防病害传播。

（5）保花保果与疏花蔬果。开花期间应坚持人工授粉，以提高坐瓜率。用2,4-D 蘸花，在沾花液中加入 50％速克灵 2 000 倍液防止人为传播灰霉病。

2. 日光温室西葫芦

（1）定植时期和方法。一般苗龄 30～40 天，当幼苗长至 3 叶 1 心时便可定植。在定植前半月左右结合整地施足底肥。底肥以充分腐熟过筛的有机肥为主，每亩施 6 000～10 000 千克，附加磷酸二铵或过磷酸钙 40 千克为宜。栽植时按南北向，大小行开沟，大行距 100 厘米，小行距 60 厘米，沟开好后，按株距 50 厘米，每亩栽苗约 2 000 株，定植后扶好垄（垄高 15～20 厘米），覆盖地膜，掏出定植苗，并在小行距膜下浇足水（图 5-4）。

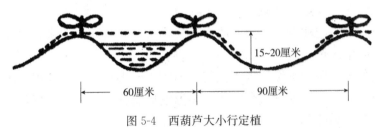

图 5-4　西葫芦大小行定植

（2）温湿度管理。西葫芦定植后缓苗前，应保持较高的温度促使缓苗，白天25～30℃，夜间 18～20℃，并注意保湿，促进缓苗。缓苗后适当降温，白天20～25℃，夜间 12～15℃，以防止幼苗徒长。待植株坐瓜后，应提高棚内温度，白天 25～28℃，夜间 15℃左右，以加速植株生长提高产量。深冬严寒期间要加强保温，严防夜间温度过低，最低保证不低于8℃。

（3）肥水管理。根瓜采收前后可从膜下暗沟浇第1次水，谨防水流到地膜之上。如基肥不足，可随水追施10～15千克三元速效复合肥。以后视天气、植株生长情况进行肥水管理。深冬浇水一定要在晴天上午进行，每次浇水量宜小不宜大，可隔行进行浇水，阴天或下午不浇水。浇水时可依据生长情况随水冲入适量速效复合肥。进入2月中旬之后，随天气变暖，应逐渐加大浇水施肥量，早春季节每隔5～7天浇一次，每浇两次水可追一次肥，并且此时要逐渐加大浇水量和追肥量，每次每亩追施三元速效复合肥20～30千克，随着肥水量的增加，放风排湿工作也要跟上，必要时夜间也要放风排湿。生长期间除进行根系追施外，还应在初瓜期、盛瓜期进行3～4次的叶面喷肥，叶片正反面要喷匀。

（4）植株调整。宜采用吊蔓立体栽培。于西葫芦8～10片叶时，用绳系于瓜秧基部，绳的上端系于棚架的专用铁丝上，通过吊秧，盘秧等措施，使瓜秧的生长点由南到北稍微倾斜，达到北高南低，相差20厘米左右，使受光均匀，产量一致。当瓜蔓长到棚顶后，松开绳，使瓜蔓下盘，挂龙头继续上爬。要及时清除下部的病、残、老叶，控制病害蔓延和养分的过度消耗，每次单株去叶3片以内，保留叶柄，去后加强放风排湿，使伤口干燥早愈合，并将去掉的老叶带出棚外深埋，防止病菌的传染。

（5）提高坐果率和疏果相结合。因冬春节能日光温度偏低，西葫芦的雄花花粉少，又缺乏昆虫传粉，为促进坐果，必须采用人工授粉或激素保花保果。人工授粉的时间应在开花当天8：00—9：00进行，授粉时先采下刚开的雄花，去掉花瓣，以雄花的花药轻轻涂抹雌花的柱头即可。用20～30毫克/千克的2,4-D，或者防落素30～35毫克/千克，用毛笔进行涂雌花柱头，或者用小喷壶柱头，保花保果的作用明显。

（6）应对灾害性天气措施

①防止冻害。应注意每天收听收看天气预报，一旦寒流要来，要在棚室内临时扣小拱棚或生火炉，以保证植株不受冻害。

②防连阴雨。遇到连续阴雨雪天气，温室不能揭草苫，保证覆盖的草苫厚度达到5厘米以上。在棚前设置防寒沟，在温室后墙挂反光幕。在草苫上面再盖一层防雨膜。短时揭开草苫，使植株见到散射光。

③防止暴晒。连续阴雨雪天气后暴晴，叶片出现萎蔫现象。发现叶片萎蔫应立即"回苫"，即：把草苫或防寒棉被放下，待叶片恢复后再揭开，叶片再次萎蔫时再放下。萎蔫比较严重的，用喷雾器往叶面上喷洒清水。

④抗击风害。遇到大风时，除将原有的压膜线拉紧外，每1～2间温室还应

临时增加一条压膜线，或者将草苫或防寒棉被放下一半，用以压住棚膜。

（五）采收

西葫芦是食用幼嫩的果实，必须适时采收，一般嫩果达 250 克即可采收，日光温室栽培的还可小些，大的不要超过 500 克，否则会引起茎蔓早衰，缩短生长期，降低产量。

三、设施西瓜生产技术

（一）设施栽培茬口安排

1. 塑料薄膜大棚西瓜栽培茬口安排　早春茬于 1 月中下旬至 2 月上旬育苗，2 月下旬至 4 月上旬定植，5 月上中旬至 6 月上旬收获。秋茬在 7 月中下旬育苗，8 月上中旬定植，10 月中旬采收结束。

2. 日光温室西瓜栽培茬口安排　冬春茬于 12 月上中旬育苗，2 月上旬定植，"五一"前后上市。秋冬茬在 8 月上中旬育苗，9 月中旬定植，供应元旦、春节市场。

（二）适宜设施栽培的西瓜优良品种

1. 早熟品种　特小凤、早春红玉、秀丽、金密、甜心、早佳（8424、麒麟瓜）、京欣 2 号等早熟品种；

2. 中晚熟品种　龙卷风、冠龙、丰抗 8 号、豫艺 2000、卞杂 7 号等。

（三）西瓜育苗设施及育苗技术

1. 育苗设施的选择　可选用电热温床育苗和穴盘育苗。

2. 育苗技术

（1）播种时期的确定。西瓜的播种期应根据当地气候、设施类型、管理水平及安排西瓜上市的时间来确定。一般来讲，早春在安全定植期前 50 天左右进行育苗，早秋在定植前 25 天左右进行育苗。

（2）播种前的准备工作。备好营养土。营养土要求疏松、透气，保肥保水，营养成分完全，没有病原菌、虫害和杂草种子，微酸性或中性，并有一定的黏性。采用 50% 优质大田土加 30% 腐熟有机肥和 20% 马粪或细炉灰，混匀后过筛，每立方米再加三元复合肥 2～3 千克（或加入 10 千克腐熟鸡粪、过磷酸钙 3 千克、草木灰 10 千克）、50% 多菌灵 100 克，混匀后装入育苗钵。

（3）播种及播后管理。将露白的种子平放，芽尖朝下，点播在营养钵和苗床上，上盖 1 厘米厚的营养土，再覆盖一层地膜保湿。播种到出苗期间苗床温度白天控制在 28～30℃，夜间 15～20℃，如夜温过高，则易引起"高脚苗"。真叶长出到定植前 7～10 天，要求相对较高的温度，以促进幼苗生长，白天苗床内气温为 25～28℃，夜间 15～18℃ 为宜。定植前 7～10 天炼苗，白天控温 20℃ 左右，夜间保持在 10～15℃，在管理上要使苗床温度逐渐降低。

（四）定植及定植后的田间管理

1. 塑料薄膜大棚西瓜

（1）定植时期和方法。春提早栽培一般于 2 月中下旬至 3 月上旬，当棚内 10 厘米深处的地温稳定在 15℃ 以上，气温稳定在 12℃ 以上时即可定植。秋延茬多于八月定植。栽苗畦畦面筑成龟背形，宽约 60 厘米左右，爬蔓畦约 150 厘米左右，做成平畦。将幼苗定植在栽苗畦中央，株距约 40～45 厘米。定植密度因品种而异，中晚熟一般每亩栽 600～700 株，早熟品种亩栽 800～1 000 株。春提早选晴天上午定植，秋延茬选晴天傍晚或阴天定植（图 5-5）。

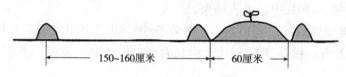

图 5-5　大棚西瓜高畦定植

（2）温湿度管理。移栽后大棚 1 周左右不通风，尽量提高棚温，以利成活，缩短缓苗期。要求白天气温为 30℃ 左右，夜间气温为 15℃ 左右。缓苗后进入发棵期，掌握白天气温 22～25℃，如超过 30℃ 时，大棚要适当放风，夜间再盖好，使夜温保持在 12℃ 以上。随室外温度的升高和蔓的伸长，4 月当棚内夜温稳定在 15℃ 以上时，可撤除小拱棚，并逐渐加大大棚白天的通风量，延长通风时间。开花坐果期，要求白天气温 28～30℃，夜间不低于 15℃，否则坐瓜不良。瓜开始膨大后要求高温，保持白天气温 30～32℃，夜间 15～25℃。控制好棚内湿度，保持棚内干燥。

对于秋延茬西瓜，其生长前期以控温为主，防止病毒病发生和高温徒长，后期则以增温、保温为主，促进生长。

（3）肥水管理。缓苗后，视天气和土壤墒情，浇一次缓苗水，以促进根系和茎叶的生长。如果墒情较好，缓苗水可以不浇，前期温度较低，应控制浇水；保持土壤见干见湿，不过旱不浇水。有小拱棚覆盖的，在撤掉小拱棚后，顺瓜沟浇一次水，以后直到幼瓜坐住不再浇水。幼瓜"退毛"时开始浇大水，并保证膨瓜期土壤湿润，不能忽高忽低，防止未熟裂瓜。一般一周左右浇水 1 次。"定个"后则控制浇水或停止浇水。水分管理时，要因地制宜，因土壤质地、瓜秧季节、瓜秧生长情况、天气、管理水平等因素来确定浇水。

缓苗后，结浇缓苗水追施发棵肥，以氮、磷复合肥 20～30 千克＋硫酸钾 5～

7.5 千克，以促进伸根发棵，为开花坐果打下基础。幼瓜长至如鸡蛋大小时，每亩结合浇水冲施三元复合肥 25～30 千克，硫酸钾 7.5～10 千克，促进果实迅速膨大。定个后不再追施氮肥，适当增施磷钾肥，促进果实中糖分的转化，提高果实品质。为防止中后期蔓叶早衰，可用 0.2%～0.3% 磷酸二氢钾溶液叶面追肥 1～2 次。

（4）植株调整。大棚西瓜地爬栽培多用 2～3 蔓整枝，除保留主蔓外，在主蔓 2～5 节叶腋处再选留 1～2 条生长健壮的侧枝，其余侧枝全部摘除。对于采用高密度方式栽培小型西瓜的，应只留主蔓结果，摘除全部侧枝，并采用立体搭架或吊蔓。

（5）保花保果与疏花蔬果。大棚西瓜以主蔓及侧蔓坐瓜，主蔓第 1 朵雌花不留，主蔓和子蔓各留 1 个瓜，主蔓留第二或第三雌花结的瓜。西瓜是雌雄异花同株作物，主要靠昆虫传粉。早春棚内昆虫少，温度低，可在每天 7：00—10：00 进行人工辅助授粉，方法是选长势中等茎蔓上刚开的大型雄花，连同花柄摘下，将花瓣外翻，露出雄蕊，将花粉轻轻涂抹在雌花柱头上，并做好标记。授粉时间应选在每天 8：00—9：00 时为宜，待瓜坐稳后，及时除去其他花和畸形瓜，以减少养分消耗。

2. 日光温室西瓜

（1）定植时期和方法。采用日光温室栽培西瓜其早春可提早定植 1 个月，秋延迟可推迟 1 个月，种植品种以早熟小果型为主，一般采用搭架栽培，单行或大小行种植，单行定植行距为 100 厘米左右，株距 40～50 厘米，每亩栽苗 1 300～1 500 株。大小行定植时，大行为 100～120 厘米，小行 60～70 厘米，株距 45～50 厘米，每亩栽苗 1 800～2 000 株。定植方法基本与塑料大棚栽培相同。

（2）温湿度管理

①温度管理。西瓜适宜生长的温度是 18～32℃，在这个范围内，温度越高生长发育越快。定植后，保温保湿，促进缓苗。白天可以保持在 28～35℃，大于 35℃放风，可以揭开温室顶风口，放风降温，夜间维持在 15～20℃为宜；在早春，定植时外界气温很低，室内应增加保温设施，如加盖小拱棚、温室前脚底挂"围裙"等；缓苗后至开花是管理的关键时期，影响着花芽分换的好坏。温度白天保持在 22～25℃，30℃以上时通风，夜间保持在 13～15℃，尽可能加大昼夜温差，促根壮秧，防止秧苗徒长，促进花芽分化；开花至坐瓜期，白天 25～28℃，夜间 13～15℃，促进开花和坐瓜；幼瓜坐住后，进入迅速膨大期，白天温度在 28～32℃，夜间保持在 15～18℃，超过 35℃开始放风，温度降至 25℃闭风；温度降至 20℃时，开始盖草苫。温度不能太低，否则成熟期延长，果实的

品质变差。在秋冬季生产时，气温是逐渐减低的，因此温度管理是以保温为主，随着温度的逐渐降低，保温设备也应相应的增加，如草苫、纸被等，有条件时可以覆盖双层草苫，在草苫外再加盖一层塑料薄膜，不仅增强保温性能，而且还可以防止雨雪水浸透草苫给作业带来的难度。冬春季栽培时，气温是逐渐升高的，在早期是以保温为主，后期主要是防止高温烤苗。

②湿度管理。西瓜不耐湿，生长适宜的湿度为 50%～60%，而在温室内一般是在 80%～90%，湿度大对西瓜的生长不利，同时也容易引起病害的流行。因此，湿度管理重点是降湿。一般结合温度调控，通过放风降湿，保持室内湿度在 60%～70% 为宜。在冬春栽培时，当外界气温稳定在 18℃ 以上时，可以昼夜通风。

（3）光照管理。温室内光照弱，应采取措施增光补光，延长光照时间。棚膜应选用透光率高的无滴聚氯乙烯膜；每天都要清洁棚膜，提高棚膜透光率；在寒冷季节，在保证温度的前提下，尽量早揭晚盖草苫，延长光照时间；可在温室后墙挂镀铝反光幕，可以有效改善温室后区的光照；还可以进行人工补光，但成本较高。

（4）水肥管理。日光温室西瓜常定植嫁接苗，嫁接西瓜的根系发达，在土中分布深广，可以吸收土壤深层水分和养分，因此在施足基肥的前提下，瓜坐住之前一般不追肥或少追肥，并少浇水，防止瓜秧旺长，影响坐瓜。如果定植水不足时，缓苗后，应视天气浇一次缓苗水，浇水量以土壤墒情而定，墒情好可以少浇，墒情不足，应浇一次透水。幼瓜坐住后，开始浇水，保持土壤湿润，均匀供应水分，以满足果实膨大需要。结合浇水进行追肥，方法参考大棚西瓜栽培。果实定个后控制浇水。

（5）植株调整。温室西瓜栽培一般采用搭架或者吊蔓栽培方式，采用单蔓或者双蔓整枝法。当蔓爬满架面时，及时摘心（利用新梢进行二茬瓜生产时则不摘心），抑制瓜秧生长，节约养分，促进果实发育。其他管理参考大棚西瓜栽培技术。

其他管理技术参考大棚西瓜栽培。

（五）采收

西瓜充分成熟后，其含糖量高、风味好，因此就地供应的产品必须采摘十成熟的瓜。如需远销的果实应采收八九成熟的西瓜。一般来讲，西瓜成熟后，瓜皮发亮手摸有光滑感，表面微显凹凸不平，瓜皮花纹清晰，瓜蒂不收缩凹陷，四周充实并稍微隆起，果皮与地面接触部位由白变黄，果梗上的绒毛大部分脱落或卷缩，瓜节位上卷须已干枯。一般早熟品种开花后 25～30 天可采收，中熟品种则要 30～35 天采收，晚熟品种需要 35 天以上成熟。采摘时注意不要伤及果柄。

四、设施厚皮甜瓜生产技术

（一）设施栽培茬口安排

1. 塑料薄膜大棚厚皮甜瓜冬春茬　于 1 月中下旬至 2 月上旬育苗，2 月下旬至 3 月上旬定植，5 月中下旬开始采收，7 月底采收结束。秋冬茬在 7 月下旬育苗，8 月中旬定植，11 月中旬采收结束。

2. 日光温室厚皮甜瓜冬春茬　于 12 月上旬育苗，2 月上旬定植，"五一"前后上市。6 月底至 7 月初采收结束。秋冬茬瓜在 8 月下旬育苗，9 月中旬定植，12 月上、中旬开始采收，供应元旦、春节市场。

（二）适宜设施栽培的厚皮甜瓜优良品种

伊丽莎白、瑞龙、雪龙、顶甜 2 号、丰甜 1 号、丰甜 4 号、丰甜 11、金帝等适合保护地栽培的品种。

（三）厚皮甜瓜育苗设施及育苗技术

1. 育苗设施的选择　厚皮甜瓜育苗设施的选择与黄瓜类似，可选用电热温床育苗和穴盘育苗。

2. 育苗技术

（1）播种时期的确定。甜瓜的播种期应根据当地气候、设施类型、管理水平及安排西瓜上市的时间来确定。如日光温室播种期一般在 12 月中旬至 1 月下旬，定植期为 1 月下旬至 2 月下旬。大棚育苗在 1 月末 2 月初播种，安全定植期为 3 月 5 日前后。

（2）播种前的准备工作。播前种子要经过浸种、催芽、消毒处理。将种子放入 55℃ 的温水中，搅拌至水温降到 30℃ 后继续浸泡 4～5 小时，然后捞出，用 0.1% 高锰酸钾或 50% 多菌灵 500～600 倍液浸种 15～20 分钟，为控制病毒病也可用 10% 磷酸三钠溶液浸种。种子消毒后用清水洗净，再用湿纱布包好，放在 28～30℃ 条件下催芽。

（3）播种及播后管理。播种前在苗床上排好营养钵，浇透水，覆上地膜，并在上面加小拱棚。温床提前加温，待温度稳定在 15℃ 以上后方可播种。每个营养钵或营养土块播 1 粒发芽的种子，覆土厚度 1.0～1.5 厘米，播后盖地膜增温，苗床盖小拱棚，出苗后撤掉地膜。

苗床管理主要是温湿度调控。出苗前白天气温保持在 28～32℃，夜间 17～20℃。出苗后应适当降温，以防止徒长，白天气温可降到 22～25℃，夜间 15～17℃。真叶长出后应适当提温，白天气温保持 25～28℃，夜间 17～19℃。当棚温超过 28℃时即可通风。育苗期内只要是浇足底水，一般不再浇大水，干旱时可用喷壶喷水，当苗床内湿度过高时，可以撒些干土或草木灰以降低湿度。

（四）定植及定植后的田间管理

1. 塑料薄膜大棚厚皮甜瓜

（1）定植时期和方法。待 10 厘米深地温稳定在 14℃以上便可移栽。定植前做好棚内整地、施肥、做畦、做垄工作，结合整地每亩施腐熟鸡粪 2 500～3 500 千克、过磷酸钙 50 千克、磷酸二铵 50 千克。把地块整成 1 米宽的高畦和 50 厘米宽的低畦，然后在高畦上做 2 条高 15 厘米的小垄，使两垄中间距离为 80～85 厘米，幼苗种在垄上，每垄种 1 行。栽苗应选在晴天进行，以利缓苗，按株距 45 厘米，先在垄上挖穴栽苗，然后浇足水，水渗透后覆土整垄。

（2）温湿度管理。开花坐果前，白天棚温保持在 25～28℃，夜间 16～18℃，当棚温超过 28℃时揭开棚膜通风，随着植株的生长和外界气温回升，通风口逐渐由小到大，通风量由少到多；坐果后，白天棚温控制在 28～32℃，不超过 35℃，夜间在 15～18℃，保持 13℃以上的温差，同时要求光照充足，以利糖分积累和提高果实品质。

（3）肥水管理。定植后 5～7 天浇一次缓苗水，但由于瓜苗需水量少，地面蒸发量也小，因此应控制浇水量，水分过多会影响地温提高和幼苗生长。到了伸蔓期，每亩施尿素 10～15 千克、磷酸二铵 15 千克，施肥后随即浇水。开花后 1 周内应控制水分，防止植株徒长，影响坐果。膨瓜期是植株需肥水量最多的时期，当果实长到乒乓球大小时及时追肥，每亩穴施氮磷钾三元复合肥 30 千克，及时均衡浇水，避免果实膨大时裂果。双层留瓜时，在上层瓜膨大期可再施第 3 次肥料，每亩施用硫酸钾 10～20 千克、磷酸二铵 10～15 千克。在生长期内可叶面喷施 2～3 次磷酸二氢钾、复合微肥等叶面肥，促进植株生长发育。成熟前 10 天左右应严格控制浇水，提高果实的品质和风味。

（4）植株调整。大棚厚皮甜瓜栽培采用吊蔓栽培，应严格进行整枝。整枝可根据品种特点和栽培需要，进行单蔓整枝或双蔓整枝。以状元厚皮甜瓜为例，双蔓整枝为主，单蔓整枝为辅。用子蔓做主蔓的单蔓整枝时，幼苗长到 4～5 片真叶时摘心，保留健壮的子蔓生长，其余子蔓则全部摘除。用双蔓整枝时，侧蔓长出后选留 2 条平行生长的子蔓，以利果实匀称美观，提高果实的商品性。

（5）保花保果与疏花蔬果。采用人工授粉或蜜蜂授粉。人工授粉是在植株预留节位的雌花开放时，于 9：00—11：00，用当天开放的雄花，去掉花瓣，将雄蕊的花粉在雌蕊的柱头上轻轻涂抹，坐瓜后留 2 片叶摘心；也可用毛笔在雄花上蘸取花粉，轻轻涂抹在雌花柱头上。做授粉日期的标记，以便于采收。蜜蜂授粉应在开花前 2 天每棚放养 1 箱蜜蜂，利用蜜蜂传粉，可明显提高坐果率，减少畸形果发生，并可改善果实品质和风味。

当幼果长至鸡蛋大小时，应当选留瓜，有单层留瓜和双层留瓜两种留瓜方式。单层留瓜的留瓜节位，在主蔓的第 9～12 节；双层留瓜的则在主蔓的第 9～12 节、第 17～21 节各留 1 层瓜。一般小果型品种每株每层可留 2 个瓜，而大果品种，每株每层只留 1 个瓜。

当幼瓜长到 0.5 千克时，应及时吊瓜。用活结将绳系到瓜柄靠近果实部位，将瓜吊到与坐瓜节位相平的位置上。

2. 日光温室厚皮甜瓜

（1）定植时期和方法。冬春茬栽培比塑料大棚相应提早 1 个月，定植时外界气温较低，应选择晴天上午定植。秋冬栽培的，栽培时气温较高，应选择阴天或 16：00 以后定植，地膜的两边不要压实，可轻掀起摆放于畦边，利于散热，定植后的 3～4 天内，如光照充足，适当放草苫遮阳，利于缓苗（定植方法同大棚）。

（2）温湿度管理。伸蔓至开花坐果前，白天温度保持在 25～28℃，夜间 15～18℃。瓜坐住后，白天要求 28～32℃，不得超过 35℃，夜间 15～18℃，要保持 13℃以上的昼夜温差，同时可在温室后墙挂反光膜，提高光照，以利于果实的膨大和糖分积累。放风时，不宜一次通风过大，可分两次进行，否则易造成果皮过早硬化，引起裂瓜。另外，在确保温度的条件下，注意加强通风，控制室内湿度。

（3）水肥管理。从定植到伸蔓瓜苗需水较少，一般不浇水，当瓜秧开始抽蔓时，要浇一次伸蔓水，结合浇水每亩追施尿素 10 千克、复合肥 15 千克、硫酸钾 5 千克。开花授粉期忌浇水，否则易引起落花。定瓜后进入果实膨大期，可浇一次膨瓜水，结合浇水每亩追施硫酸钾 10 千克、磷酸二铵 25 千克，隔一周后再浇一次水，但水量不易过大，以后浇水视土壤干湿情况而定，采收前 10 天停止浇水，以防裂瓜。生长期内可叶面喷施 2～3 次 0.2% 磷酸二氢钾，使植株叶面保持良好的光合作用。

（4）整枝绑蔓。当甜瓜 6～7 片叶展开时绑蔓，采用单蔓整枝法，将主蔓留下其余的侧蔓全部抹去，瓜蔓可用尼龙绳或麻绳牵引。厚皮甜瓜的适宜留瓜节位为 12～15 节，小型果每株留双瓜，大型果留单瓜，坐瓜节位以上留 12～16 片叶摘心。留瓜须留在主蔓上相近的两个节位上，而且位于主蔓左右两侧，当瓜长到 250～300 克时，应及时进行吊瓜，结果蔓以上再发出的子蔓摘除。

（5）保花保果与疏花蔬果。同大棚栽培。

（五）采收

应根据授粉日期和不同品种果实发育天数来判断成熟期，也可根据品种的果皮颜色、网纹有无、芳香味等成熟特征来判断采收适期。果实成熟时，蒂部易脱落品种和不耐贮存品种应适当早收。采收宜在清晨进行，此时厚皮甜瓜口感好。采剪时应带果柄或将坐果节位侧枝剪下，保持果实新鲜美观。采后轻拿轻放，贮放在阴凉处，待包装外运。

第二节　茄果类蔬菜

一、设施番茄生产技术

（一）设施栽培茬口安排

1. 塑料薄膜大棚栽培茬口安排　华北地区塑料大棚春提前栽培，一般1月中下旬播种育苗，苗龄70天左右，3月下旬定植，5月上中旬至6月下旬采收。大棚秋延后栽培，7月上中旬播种育苗，7月末至8月初定植，9月下旬开始采收，留3穗果摘心，大棚内出现霜冻后结束。

2. 日光温室栽培茬口安排　秋冬茬，北方一般在6月下旬至7月播种育苗，8月中下旬至9月上旬定植，10月下旬到翌年1月采收。早春茬，一般10月下旬至11月上旬播种，翌年1月下旬至2月上旬定植，3月中下旬至6月上市。越冬茬栽培必须采用节能日光温室，一般8月中下旬至9月上旬育苗，10月上中旬定植，翌年1月开始收获，6月采收结束。

（二）适宜设施栽培的番茄优良品种

目前，生产上常用的番茄品种有：烟番9号、卡罗莱娜、金棚1号、金棚3号、金棚10号、金棚米6、金棚11等适宜在黄化曲叶病毒流行地区日光温室、大棚越冬、春提早栽培的品种；樱桃番茄品种多由国外引进，生产上常用的品种有：台湾圣女、樱桃红、圣地亚哥、美味樱桃番茄、黑圣女番茄种子、红莺、珍珠等。其中以台湾圣女樱桃番茄品种栽培最普遍。

（三）番茄育苗设施及育苗技术

1. 育苗设施的选择　番茄育苗的设施可选用电热温床育苗和穴盘育苗。

2. 育苗技术

（1）播种时期。华北地区大棚春早熟栽培番茄的适宜播种期为12月至翌年1月，苗龄80～90天；日光温室越冬茬栽培的番茄播种期在8—9月，苗龄60～70天。

（2）播前准备。参考黄瓜部分。

（3）播种及播后管理

①播种。将经过浸种催芽的种子，直接撒在苗床上，覆土厚约0.5～1厘米，播后30天，2叶1心分苗，可直接分在营养钵内，分苗后保持高温高湿，缓苗后降温降湿。也可播于营养体、穴盘或营养土方中，每穴播2粒种子。播种后覆盖地膜，苗出齐后撤膜。在虫害较多的温室，特别是蝼蛄能钻取隧道造成缺苗的，应及时用毒饵诱杀，用麦麸与敌百虫拌和撒在苗床上。

②苗期管理。番茄苗期要求气温白天25～28℃，夜间15～18℃，土温25℃，夜间土温不能低于17～18℃。土温过低根系发育不良，易发生猝倒病和立枯病。夜温低于15℃，易产生畸形花；低于10℃，生长发育受到抑制；5℃以下发生寒害和冻害。定植前1周炼苗，白天温度为18～20℃，晚上为10℃。适宜的苗龄为70～80天，株高25厘米左右，具8～9片叶，第一花序现大蕾。

（四）定植及定植后的田间管理

1. 塑料薄膜大棚番茄

（1）定植时期和方法。早春茬，华北地区一般3月中下旬定植，东北地区4月中旬定植，苗龄约80～90天。定植前要施足基肥，一般每亩施有机肥8 000千克左右，复合肥60千克，硫酸钾20千克。大棚番茄一般采用小高垄栽培，也可采用平畦栽培，每亩栽3 000株左右，定植后覆盖地膜。定植前15～20天扣棚烤地。如大棚采用多层覆盖，或临时加温等增温措施，可适当提早定植。

（2）温度管理。定植后3～4天内，一般不通风或稍通风，维持白天棚温白天28～30℃，夜间保持15～18℃，并深锄培土，提高地温，加快缓苗。缓苗后，适当加大通风量，降低棚内气温，白天保持25～28℃，夜间13～15℃。3月外界气温仍低，如遇到寒流或极端低温，在大棚四周围上防寒群，做好防寒准备。随着外界温度的升高，加大放风量，延长放风时间，控制白天温度不超过26℃，夜间不超过17℃。通过调节通风口大小和通风时间长短调控温度，并能保持较低湿度，防止病害发生。

（3）肥水管理。番茄定植缓苗后根据天气情况浇缓苗水，随后进行中耕蹲苗，促进根系生长。开花初期控制浇水，防止茎叶徒长，促进根系发育，减少落花落果。直到第一果穗的果如核桃大小时，蹲苗结束，结合追肥浇大水，促进果实膨大。每亩施尿素20千克左右，磷酸二氢钾15千克左右，并结合防病治虫进行根外追肥，用0.2%～0.3%磷酸二氢钾溶液。进入盛果期，是需肥水的高峰期，要集中连续追2～3次肥，并及时浇水，一般每7～10天浇一次水，保持土壤湿润。盛果期浇水要均匀，防止裂果。

（4）植株调整

①搭架。当番茄植株长到30厘米时，在离根部15厘米处插一根竹竿或吊绳支撑植株。不能靠得太近，避免伤根。

②绑蔓。用竹竿搭架时要及时绑蔓，每穗果绑一道，绑在果穗的下边，不要绑得过紧，以免缢伤茎蔓。为防止因烈日暴晒引起果实日灼病的发生，尽可能把花序绑在支架的内侧，以免损伤果实。要求绑缚结实，防止因果实重量的增加而向下滑落。

③整枝摘心。结合整枝进行打杈，一般在侧枝5～7厘米时去除。番茄植株一般留3～4穗果时及时摘心，方法是在顶端花序上留2～3片叶摘心，可控制营养生长，促进果实发育，又可防止果实日烧病。

④摘叶。在采收完第一穗果后，田间郁闭，可将植株下部的老叶、病叶去掉，以利通风和光合积累，减少病害发生。

（5）保花保果与疏花疏果。冬春季设施栽培，常因棚温偏低、光照不足、湿度偏大而发生落花落果现象。除了要加强栽培管理外，可使用浓度为10～20毫克/千克的2,4-D涂果柄，或者用20～35毫克/千克的防落素涂、蘸、喷花均可。为提高果实的整齐度和商品性，要进行疏花疏果，大果形品种每个花序保留2～3个果实，中果形品种可保留3～4个果实。

2. 日光温室番茄

（1）定植时期和方法。越冬茬，在11—12月上旬定植，苗龄约60～70天。温室番茄一般采用小高垄栽培，小行距60厘米，大行距80厘米，株距25～30厘米，每亩栽3 000株左右，定植后覆盖地膜，膜下浇一次透水，以利缓苗。

（2）温湿度管理

①温度管理。缓苗前白天28～30℃，夜间保持15～18℃；缓苗后白天20～25℃，夜间15℃左右。进入结果期，白天25～28℃，前半夜15～20℃，后半夜10～15℃，利用揭盖草苫、调节通风口大小和通风时间长短调控温度。

②湿度管理。定植后至缓苗前应保持棚内较高湿度，以利于缓苗，缓苗后通过通风降低棚内湿度，尤其开花结果期要保持较低湿度，以防病害发生。

（3）光照管理。番茄对光照要求较高，可通过选用透光率高的无滴膜、清除膜上灰尘、挂反光幕、早揭晚盖草苫等措施增强光照，延长光照时间。冬季日照短，应早晚适当补光，可用日光灯、高压汞灯等偏蓝紫的灯光补充光照。

（4）肥水管理。定植缓苗后，若土壤水分不足可轻浇一次缓苗水，之后进行蹲苗，蹲苗时一般不浇水。第一果穗的果如核桃大小时蹲苗结束，开始加大肥水供应，每亩随水冲施复合肥15千克左右。一般15～20天浇一次水，采取膜下暗灌。3月以后每10~15天浇一次水。盛果期浇水要均匀，防止裂果。追肥掌握每收一穗果追1次肥，交替使用磷酸二铵、尿素、硝酸铵，每次每亩配施15~20千克硫酸钾。在高温的盛果期，叶面喷施0.2%的磷酸二氢钾，防止早衰。

（5）植株调整。及时吊蔓，在缓苗之后、花蕾即将开放时进行。采用单干整枝，每株保留3~4穗果。

（6）保花保果。方法同大棚番茄栽培。

（五）采收

一般开花后40~45天成熟。依据番茄果实的采收目的不同，通常将番茄的采收时期划分为绿熟期、变色期、成熟期和完熟期4个时期。番茄采收要在早晨或傍晚温度偏低时进行。中午前后采收的果实，含水量少，鲜艳度差，外观不佳，同时果实的体温也比较高，不便于存放，容易腐烂。采收时要带果柄采收，采收下的果实按大小分别存放，等级销售。樱桃番茄结果数多，成熟期不一致，可成熟1个采收1个，保证及时早上市，同时可促进上位果的成熟，当果穗的果实成熟一致时可整穗采收。

二、设施茄子生产技术

（一）设施栽培茬口安排

1. 塑料薄膜大棚栽培茬口安排　华北地区塑料大棚的茬口安排见表5-1。

表5-1　华北地区茄子塑料薄膜大棚茬口安排

栽培型	播种期	定植期	收获始期	备注
塑料大棚春早熟	上/1月—下/1月	中/3月—上/4月	上/5—中/5	温室育苗
剪枝再生茄子		下/6月—上/7月	上/9月	春茄子剪枝后萌发新枝
塑料大棚秋延后	下/5月—上/6月	中下/7月	上/9月	露地育苗（遮阳、防虫）

2. 日光温室栽培茬口安排　茄子日光温室茬口安排见表5-2。

表5-2　茄子日光温室茬口安排

栽培型	播种期	定植期	收获始期	备注
日光温室冬春茬	下/10月—上/11月	上/2月	上中/5月	温室育苗
日光温室秋冬茬	中下/7月	中下/8月	下/9月	设施育苗（遮阳、防虫）
日光温室越冬茬	下/9月	上/11月	中/12月	设施育苗（遮阳、防虫）

（二）适宜设施栽培的茄子优良品种

茄子的消费和栽培有较强的地区性，各地应根据当地的栽培、消费习惯选择相应颜色和形状的品种。此外，在冬春季节栽培时，宜选择早熟、果实发育快、植株开展度小、耐寒、抗病性强、丰产的品种；在秋冬季及冬季栽培时，宜选择抗病、耐热、耐低温、果实膨大速度快、早熟、丰产的品种。主要圆茄品种如黑宝、紫光大圆茄、西安青茄、紫长茄、九叶茄等，长茄品种有布利塔、白天使、西安绿茄等。

（三）茄子育苗设施及育苗技术

1. 育苗设施的选择　茄子苗期生长缓慢，需要温度高，育苗难度较番茄、辣椒大，一般采用塑料大棚套小棚或日光温室的保温措施育苗，也可采用穴盘育苗，辅以酿热加温及电热加温。

2. 育苗技术

（1）播种时期的确定。华北地区一般在10月下旬至翌年1月下旬播种，4—5月上市。

（2）播种前的准备工作

①苗床准备。苗床要选择地势高、排水良好、土壤肥沃的地块。苗床周围不能是茄果类蔬菜或马铃薯田块，以防苗期病虫害。播种床内营养土的配制方法和番茄营养土基本相同。

②种子处理。茄子种子外皮坚硬，种皮具角质层并附有一层果胶物质，水分和氧气很难进入，因此播种前需采取浸种催芽。浸种期间需反复搓洗几次，以去除种皮外的黏液。

（3）播种及播后管理

①播种。可将发芽的种子直接播于苗床上，然后分苗；也可播于营养体、穴盘或营养土方中，每穴播2~3粒种子。播种时先浇足水，水渗后先撒一层细土，然后撒播催过芽的种子，一般每平方米苗床播种5~10克，覆土厚1.0~1.5厘米，播种后覆盖地膜，苗出齐后撤膜。为防止病害，可进行床土消毒。蝼蛄能钻取隧道造成缺苗，应及时用毒饵诱杀，用麦麸与敌百虫拌和撒于育苗床上。

②播后管理。苗期气温白天25~26℃，夜间15~17℃；适宜地温12~15℃。2~3片真叶时用营养钵分苗，每营养钵一株幼苗。分苗时应选晴天进行，假植后要浇足水分，并随即用小拱棚覆盖，保温保湿4~5天，棚内温度保持28℃左右，缓苗后降温，保持在25~26℃，以防止幼苗徒长。幼苗在低温季节要适当控制浇水，做到钵内营养土不干不浇水，若浇水应选晴天午后进行。幼苗缺肥可进行根外追肥，用0.3%磷酸二铵或尿素喷施。有条件的地方进行穴盘育苗。

（四）定植及定植后的田间管理

1. 塑料薄膜大棚茄子

（1）定植时期和方法。华北地区塑料薄膜大棚茄子早熟栽培适宜在3月中下旬定植。大棚应提前一个月扣膜，以便提高棚内温度。应提前半个月施入基肥，每亩施用腐熟的有机肥5 000千克，磷酸二铵25千克，深翻平整，作成平畦或小高垄。定植前进行药剂熏棚，然后开穴定植，小行距60厘米，大行距80厘米，定植沟深5～6厘米，在晴天上午浸种，按株距40厘米栽苗，然后覆土浇水，水渗透后第三天培土起垄，垄高10厘米。7天后浇缓苗水，15天后盖地膜，开口引苗出膜。每亩栽苗2 500株。

（2）温湿度管理。定植到缓苗期的一周内要求有较高温度，密闭不放风，促进缓苗。缓苗之后，要逐步加强通风透光管理。白天棚温应保持25～28℃，上午当棚温升到25℃时开始放风，午后及时闭棚蓄热，保持夜间温度15℃左右，短期最低温度不要低于10℃。在低温季节，如果大棚内扣小拱棚的，一般每天9：00—10：00揭开小棚薄膜，晴天10：00—11：00根据棚内温度将大棚薄膜适当揭开，以便通风。棚内温度以控制在25℃左右为宜。

（3）肥水管理。定植缓苗后直到门茄开花时，要控水蹲苗，以中耕保墒为主。当门茄"瞪眼"坐果后蹲苗结束，进行浇水追肥，每亩追硫酸铵15～20千克。浇水忌大水漫灌，防止棚内湿度过大引起烂果。进入盛果期，要大水大肥，每隔7～10天浇一次水，15～20天追一次肥，随水追肥，保证茄子果实的发育，追肥可用三元复合肥20千克左右。在结果后期，叶面喷施0.2%～0.3%的尿素、磷酸二氢钾，防止早衰。有条件的可用滴灌施肥设施补充水分和营养。

（4）植株调整。早熟栽培的茄子栽培密度较大，枝叶茂盛，为了利于通风，要及时整枝，以免枝叶茂密、通风不良。生产上常采用双干整枝法：待对茄形成后，剪去上部两个向外的侧枝，形成双干枝，打掉其他所有侧枝，以此类推。当四门斗茄坐住后摘心，一般每株留5～7个果，以促进果实早熟，争取前期高产量和集中采收（图5-6）。

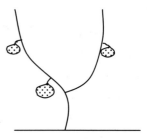

图5-6　茄子双干整枝

（5）保花保果。大棚温度偏低，可采用植物生长调节剂点花保果，防止落花落果。在开花两天以内，用毛笔蘸20～30毫克/千克的2，4-D涂抹花萼或花柄，或用40～50米克/千克的防落素蘸花（喷花），避免药液碰到幼嫩枝叶。

2. 日光温室茄子

（1）整地施肥。在一般菜田地土壤肥力条件下，每亩撒施腐熟优质农家肥（鸡粪类或猪粪）5 000千克，深翻30～40厘米，耙平。然后作畦，按大小行起垄栽培，大行距80～100厘米，小行距50厘米，垄高15厘米，垄底宽40厘米。每亩定植2 000～2 200株为宜。

硫黄熏蒸

（2）定植时期及方法。日光温室早春茄子的定植期一般在2月上中旬。定植前7天，将温室完全密闭，把所有生产用具放在温室内，点燃硫黄粉熏蒸消毒（每立方米温室空间用硫黄粉4克＋80％敌敌畏0.1克＋锯末8克）。密闭温室一昼夜，然后放风。在温室的南底角通风口处张挂20目的窗纱或防虫网。

在温室茄子定植期天气寒冷，光照弱，室内气温和地温都较低，宜选晴天定植，按40厘米开定植穴，然后摆苗、埋土和浇水。第二天水渗后培成10厘米高的密闭垄台，再覆盖地膜。

（3）定植后的管理

①温度管理。定植到缓苗期，密闭温室不放风，以提高温度，促进缓苗，温度保持在28～30℃。缓苗结束后，降低温度，防止徒长，温度保持在25～26℃。3月中旬以后，随着天气转暖，逐渐加大通风量，并根据天气情况去掉草苫，保证茄子的生育适温，并能排除室内湿气，减少发病。

②肥水管理。定植时浇足定植水，定植后5～7天浇缓苗水，之后进行中耕松土蹲苗。到门茄"瞪眼"时浇催果水，保持土壤水分供应，以利果实膨大。进入盛果期，应逐渐增加浇水量，小沟大沟同时浇灌。茄瞪眼期开始追肥，结合催果水追施催果肥，追施1～2次尿素，每亩追施15～25千克。进入盛果期，除了追施速效氮肥外，还加施一次钾肥15～25千克。

③光照管理。严冬季节日照时数短、光照弱，影响茄子生长发育、产量及果实着色。因此，要增加温室的光照。方法是保持膜面清洁；在温室内张挂反光幕；早揭晚盖草苫；阴雪天气，也要揭苫见光。

④植株调整。方法同大棚茄子整枝。

（五）采收

茄子以采收嫩果为主，必须适时采收才能提高品质和质量。一般开花后25天便可采收。门茄要早采收，否则易长成小老茄，影响对茄的发育和植株的生长。茄子适时采收标准为：萼片与果实相连处的白、绿色带状环（也叫茄眼）变窄，趋于不明显或正在消失，说明茄子果实生长已转慢或停止，应采收。如果带状环比较明显，说明果实正在迅速生长，组织柔嫩，不宜采收。还可用果实的光泽度作为采收的参考标准，若果实表面油光发亮，表明果实比较嫩，果实表面亮度减弱应及时采收。茄子采收的次数越多，增产效果越明显，尤其是单果重小的长茄类品种。

采收最好在早晨，其次是傍晚，避免在中午温度高时进行。因为中午温度高，果实呼吸作用强，消耗营养多，采收后品质易变劣，不耐贮运。采收时一般用修剪刀沿果柄基部剪下，不带果柄，以免扎伤果皮，降低品质。

三、设施甜（辣）椒生产技术

（一）设施栽培茬口安排

1. 塑料薄膜大棚　主要进行早熟栽培，即春提前栽培，其成熟期比露地春茬提早 30～40 天。近年来，由于露地栽培辣椒病害严重，大棚设施投入相对温室较少，塑料大棚栽培经济效益好，发展也较迅速。在我国北方地区塑料大棚辣椒的春恋秋栽培已成为一种主要形式（表 5-3）。

表 5-3　塑料大棚春恋秋辣椒栽培季节

栽培方式	春恋秋（春到秋一大茬）
播种期	11 月下旬—12 月上中旬
定植期	3 月中下旬—4 月上旬
收获期	4 月下旬—11 月上中旬
越夏遮阳	6 月上中旬
重新覆膜	9 月中旬

2. 日光温室　在北方地区日光温室甜（辣）椒栽培发展迅速，重点解决北方广大地区冬季早春的新鲜辣椒供应，在茬口安排上，以冬季早春上市为重点，尽量避开大、中棚辣椒栽培的产量高峰期，向秋延后、春提早方向发展。高效节能日光温室辣椒栽培主要茬口安排（表 5-4）。

表 5-4　日光温室辣椒栽培的茬口安排

栽培方式	播种期（旬/月）	定植期（旬/月）	收获期（旬/月）
秋冬茬	中下/7	上中/9	中下/10—春节
冬茬	上/9—上/10	下/11—下/12	1—6 月
早春茬	中/10—上/11	中/1—上/2	上/3—上/4

（二）适宜设施栽培的甜（辣）椒优良品种

生产上选用辣椒品种时，主要应考虑品种特性、市场的消费习惯及栽培目的，同时，栽培设施及栽培季节也影响品种的选择。冬春茬设施栽培要求早熟、耐低温、抗病、丰产的品种；秋延后栽培宜选择耐热、抗病毒病、丰产性品种。

目前我国设施栽培的辣椒品种较多，常见适于设施栽培的辛辣型和微辣型的品种有湘椒 1 号、湘研 4 号、江蔬 2 号、苏椒 5 号、绿箭；甜椒型的品种有双丰、中椒 2 号、中椒 4 号、中椒 5 号、中椒 7 号、湘研 17、巨星、荷兰的品种等；彩椒主要品种有红水晶、黄玛瑙、橙水晶、紫晶、白玉、玛祖卡、紫贵人、黄欧宝、桔西亚、白公主、黑甜椒等。

小知识

不同部门果实的名称

辣椒主茎上的果实称为门椒；一级侧枝的果实称为对椒；二级侧枝的果实称为四母斗；三级侧枝的果实称为八面风；以后侧枝的果实称为满天星。

（三）甜（辣）椒育苗设施及育苗技术

1. 育苗设施的选择 辣椒幼苗期对温度要求比较严格，若温度达不到要求，不但幼苗生长缓慢，对花芽分化也极为不利，所以要利用加温温室或在日光温室内设置电热温床、酿热温床进行育苗。播种后苗床上还要加扣小拱棚，夜间拱棚上覆盖薄膜，以提高床温。

2. 育苗技术

（1）播种时期的确定。北方地区温室或大棚栽培以春早熟栽培为主，一般于冬春季在温室等设施内育苗，11 月下旬至 12 月上旬播种，苗龄 80～90 天，3 月中下旬定植，夏秋季节收获。

（2）播种前的准备工作。每亩栽培田需辣椒种子 100～150 克。苗床要选择地势高、排水良好、土壤肥沃的地块。苗床周围不能是茄果类蔬菜或马铃薯田块，以防苗期病虫害。播种前配制营养土，用未种过茄科蔬菜的园田土 6 份，腐熟有机肥 4 份，过筛后拌匀，每立方米营养土加入磷酸二氢钾 0.5～1 千克，过磷酸钙 2～4 千克。拌匀后铺入苗床，厚 10 厘米左右，浇足底水，水渗后即可播种。为防止苗期病害，可进行床土消毒，用 70%多菌灵或 70%甲基硫菌灵或敌克松配成药土，每平方米苗床需药 5 克，掺入细土 10～15 千克，浇水后，撒入苗床。为提高成苗率和培育壮苗，播种前应进行种子处理。具体方法是：先晒种 2～3 天后，用 55℃温水浸种 15 分钟，也可用 1%硫酸铜溶液浸种 5 分钟，或 45%甲醛 150 倍液浸种 15 分钟，或 10%磷酸三钠溶液浸泡 20～30 分钟（浸后用清水将药液冲洗干净）。再将种子用 30℃左右的温水继续浸泡 7～8 小时后，用 25～30℃催芽 3～4 天，待 70%种子露白时即可播种。

（3）播种及播后管理。播种时畦内浇足底水，水渗后先撒一层细土，然后播催过芽的种子。若播种时气温低、不稳定，要加扣小拱棚或其他保护设施，最好铺设电热线，以防不良天气导致的地温过低。播种后覆盖地膜，苗出齐后撤膜。

①出土至分苗前的管理。出土期间地温保持在 20～25℃，幼苗大部分出土后要撤去地膜。幼苗出土后温度不能过高，以防徒长，白天保持 20～25℃，夜间 13～15℃。在虫害较多的温室，特别是蝼蛄能钻取隧道造成缺苗，应及时用毒饵诱杀，用麦麸与敌百虫拌和撒在苗床上。如果出现种子"戴帽"现象，可适当撒干土。分苗前 3～4 天适当进行幼苗锻炼，加强通风，白天温度控制在 20～25℃，夜间温度控制在 13～15℃。子叶展平后再进行一次覆土，这样即可保墒，又能降低空气湿度，促进幼苗健壮。子叶展平时间苗，去掉弱苗和病苗，然后覆土护根。

②分苗后的管理。分苗后到缓苗期间，白天温度保持在 28～30℃，夜间 18～20℃，有利于提高地温，促进根系活动。缓苗后温度适当降低，白天 25～26℃，夜间 15～16℃。定植前 10～15 天，进行低温锻炼，白天加大通风量，夜间温度也要降到 10～13℃，并控制水分和逐步增大通风量炼苗，以提高幼苗抗寒力。

（四）定植及定植后的田间管理

1. 塑料大棚甜（辣）椒 塑料大棚甜（辣）椒栽培以早春栽培为主，主要管理技术要点如下。

（1）确定适宜的定植期。当大棚内最低气温稳定在 5℃以上，10 厘米地温稳定在 12～15℃，并持续一周即可开始定植。华北地区一般在 3 月中下旬到 4 月上旬。大棚内加盖小棚的可以适当提早定植 10～15 天，华北地区在 3 月上旬左右。

（2）定植。塑料大棚春早熟辣椒栽培生长期长，产量高，必须重施基肥，尤其重施有机肥，防止早衰。每亩施有机肥 7 500 千克左右，磷肥 50～100 千克，三元复合肥 25 千克。深翻耙平，整地做畦。根据定植形式做成平畦或小高畦。畦高 10～15 厘米，下底宽 70 厘米，上宽 60～65 厘米，两个小高畦之间的距离 30～40 厘米，最后用 90～100 厘米宽的地膜覆盖。一般先铺膜后定植，经常使用的是高压聚乙烯透明地膜，可使土壤温度提高 2～4℃。有的地方使用杀草膜、光降解膜等，还有的用黑色地膜，以防止辣椒早衰。

应选择晴天定植，秧苗的土坨略低于地面。最好采用暗水定植，可防止地温下降、土壤板结，缓苗快。在栽培面积大、气温高、栽培技术要求不严格时，可采用明水定植，浇足定植水。小高畦上每畦栽 2 行，行距 45 厘米左右，穴距 35 厘米左右，每亩栽苗 4 000～4 500 穴，每穴 2 株。采用平畦栽培的，畦宽 80～90 厘米，每畦栽 2 行。

（3）定植后的田间管理

①温湿度管理。定植后 5～6 天内密闭，维持棚温在 30～35℃，夜间棚外四周用草帘覆盖保温防冻，促进根系生长，以加速缓苗。采用多层覆盖的，如小拱棚覆盖，白天应将小拱棚的薄膜揭开，以利透光和提高地温，晚上再盖严保温。温度超过 35℃，打开顶窗放小风。一周后新叶开始生长，即可通风降湿降温，促进植株健壮生长。当棚内温度上升到 30℃时就应通风降温，下午降到 25℃时闭棚，白天温度为 25～30℃，夜间 15～18℃。夜温不能过高或过低，防止落蕾落花。进入开花结果期，保持棚内白天气温 20～25℃，夜间 15～17℃，空气相对湿度 50%～60%，要有较大的通风量和较长的通风时间，加盖小拱棚的要逐渐撤去。门椒坐住后即进入结果期，结果期的温度白天在 25～30℃，夜间不低于 15℃。

②肥水管理。早春大棚辣椒定植时浇水不要太多，以免地温过低，影响缓苗。浇定植水后一直到门椒坐住不再浇水追肥，进行蹲苗，其间连续中耕 2～3 次。第一次深度 4～5 厘米，第二次深度 7～8 厘米，促进根系生长，第三次深度 4～5 厘米。小高畦无地膜覆盖栽培的，须进行全面中耕，覆盖地膜的只在沟内中耕，中耕只在沟内进行。蹲苗期间，若出现缺水症状，也可再浇 1 次水。

当棚内绝大多数植株门椒坐果，果实直径达 2～3 厘米时，结束蹲苗，开始大量浇水追肥。结合追肥浇催果水，这次肥水要大，以促进果实膨大。每亩施尿素 20 千克左右，磷酸二氢钾 15 千克左右，或追人粪尿 1 000 千克。并结合防病治虫进行根外追肥，喷施 2% 过磷酸钙溶液或 0.2%～0.3% 磷酸二氢钾溶液。进入盛果期，结合浇水追 2～3 次肥，一般每 7～10 天浇一次水，保持土壤湿润，浇水要均匀，防止裂果。

③搭架或立横栏。在植株封垄前进行培土，同时用竹竿立支架绑蔓，每株插一竿。最好的方法是在每行两端，分别在植株外侧立两个竹竿，用尼龙绳拉起 3～4 道横栏，既可防倒伏，又便于田间作业。也可进行吊蔓。

④植株调整。辣椒生长前期一般不用整枝。但对于生长势强的中晚熟品种需在门椒开花前后，将门椒以下侧枝全部除去，以免植株营养生长过旺而影响门椒、对椒正常开花结果。生长中后期要及时打去植株下部的老叶、黄叶和病叶，疏剪过于细弱的侧枝。

⑤保花保果。一般在"四母斗"以前，常用 20～30 毫克/千克的 2,4-D 或 30～50 毫克/千克的番茄灵（防落素）蘸花，也可喷花。宜在 10：00 前进行，避开中午高温，以免产生药害。另外，药液应现用现配，不宜久放。

2. 日光温室甜（辣）椒

（1）定植时期和方法。前茬作物收获后及时整地。每亩施腐熟有机肥 8 000 千克左右，过磷酸钙 100 千克，尿素 50 千克，硝酸钾 30 千克。深翻耧平做畦。可做成平畦或小高垄，大行距 70 厘米，小行距 50 厘米，垄高 15 厘米。

辣椒喜温不耐寒，定植过早，温度低不易缓苗。定植期宜在 1 月中旬至 2 月上旬，这时气温逐渐转暖，阴雨雪天减少，定植后容易成活。定植时根据情况采用双株或单株栽。穴距 35～40 厘米，行距 60 厘米。选阴天刚过的晴天定植。采用暗水定植，把苗摆在沟中，培土稳坨，浇定植水，水渗后埋土封沟。然后覆盖地膜，把苗引出膜外，并用土封严膜口。也可在栽苗前先铺地膜，再定植。

（2）温湿度管理。定植后因外界温度较低，必须密闭保温，一周内保持气温 28～32℃，甚至到 35℃ 也可不放风，以增加温室蓄热，促进缓苗。当辣椒心叶开始生长，表明已经缓苗。缓苗后到门椒坐果期间，白天保持 25～28℃，夜间保持 15～17℃，地温保持在 18～20℃，白天温度超过 30℃ 时要放风。因是寒冷季节，放风时要放顶风，不能放底风，防止落花落果。当温度降到 25℃ 时关闭风口，晚上要注意保温。2 月中下旬以后，随着天气转暖要逐渐加大通风量。先从顶部通风口放风，再打开肩部通风口，以加强空气对流。白天温度应控制在 30℃ 以下，尽量不出现 30℃ 的高温。当外界气温不低于 15～16℃ 时（华北地区一般在 4 月中下旬），夜间可以不盖草苫。以后随着温度的升高，揭开底脚薄膜昼夜进行通风，防止高温、高湿使植株徒长，引起落花落果。当辣椒进入采收期后，夜温应控制在 15～18℃。如果夜温在 20℃ 以上，虽然果实膨大加快，但植株易早衰；相反，如果夜间温度低于 15～16℃，辣椒开花数就减少，坐果率降低，畸形果增多，易出现僵果。夏季来临后应将温室前底脚薄膜全部卷起，也打开顶风口放对流风。

甜（辣）椒要求的空气相对湿度是 60%～80%，空气湿度低时，对光合作用不利。土壤要保持湿润，但不能只看地面，要特别注意土壤深层含水量，一般应达到田间最大持水量的 20% 左右。

（3）肥水管理。定植水浇足后，为避免浇水后降温，缓苗期间一般不浇水，可在每天进行叶面喷雾，既可促进缓苗，又可增加产量，如果结合喷雾时加入 0.2% 磷酸二氢钾，则效果更好。定植水浇的少，可选晴天上午浇缓苗水，缓苗后至开花坐果期控制浇水，以免落花落果。其间进行中耕蹲苗，一般中耕 2～3 次。当门椒长到核桃大时开始浇水，每亩穴施饼肥 50 千克，尿素 25 千克。2 月温度偏低，切忌浇明水，放大风，应采用膜下沟灌或者膜下滴灌，以提高地温，降低空气湿度。要选晴天的上午或中午浇水。进入盛果期，保持土壤见干见湿。每隔一次浇水追一次化肥，每亩用硝酸铵 15～20 千克或硝酸钾 10～15 千克，两者交替使用。天气转暖后，放风量大，灌水间隔天数相应缩短，灌水量逐渐加大。到夏季高温，土壤蒸发量大，要保持地面湿润，但又不能大水漫灌，始终保持不缺水，又疏松通气的土壤环境。

（4）植株调整。早春茬辣椒生长势强，植株高大，进入采收盛期后枝叶已显郁闭，行间通风透光差，适当的整枝打杈很有必要。门椒坐果后将第一分枝以下萌发的腋芽及时抹除。在门椒结果后发现植株上向内伸长且长势较弱的枝，应当尽早摘除。到结果中后期，在晴天下午，摘除植株上的老叶和病叶。当进入采收盛期时枝叶茂盛，行间通风透光差，更应注意整枝打杈。为防止植株倒伏，可立竹竿搭架或立横栏。

甜椒长季节栽培的整枝方法有两种：一种为垂直吊蔓，每畦种两行，进行单干整枝。另一种每畦种一行，采取"V"形双干整枝，具体方法是：当植株长到 8～10 片真叶时，叶腋抽生 3～5 个分枝，选留两个健壮对称的分枝成"V"形作为以后的两个主枝，除去其他多余的所有分枝。原则上两大主枝 40 厘米以下的花芽侧芽全部抹去，一般从两大主干的第四节位开始，除去两大主干上的花芽，但侧芽保留一叶一花打顶。如此持续整枝不变，待每株坐果 5～6 个后，其后开放的花开始脱落，待第一批果采收后，其后开的花又开始坐果，这时主枝和侧枝上的果全留，但侧枝务必留 1～2 叶打顶，一般每 2～3 周整枝一次。

（5）保花保果。主要通过农业综合防止措施，包括选择耐低温、耐弱光的品种，保持适宜温度，白天 25～30℃，夜温 20℃左右。此外还应注意合理密植，科学施肥，加强水分管理，及时防治病虫害以及使用生长调节剂等。开花时用 20～30 毫克/千克的 2,4-D 涂抹花柄或喷花，也可用防落素处理。

（五）采收

辣椒早熟栽培应适时尽早采收，采收标准是果皮浅绿并初具光泽，果实不再膨大。开始采收后，每 3～5 天可采收一次。门椒、对椒应适当早收以免坠秧，影响植株生长，尤其长势较弱的植株更应及早采收。由于温室辣椒比较柔嫩，枝条很脆，采收时最好用剪刀从果柄处剪断。雨天或湿度较高时不宜采收，彩色甜椒在显色八成时即可采收。

▼

小知识

番茄催熟

　　番茄果实在温度过高或过低时，变色均较慢。为了加速番茄果实的转色和成熟，常采用人工催熟。采用乙烯处理果实，从而促进果实成熟。市售乙烯浓度一般为 40％，若配制 0.2％稀释液，即为 200 倍液，因此用 40％乙烯原液 1 毫升加水 200 毫升，或者 50 毫升原液加水 10 千克。

　　用乙烯进行番茄催熟的方法：采收后浸果处理将绿熟期的果实采下来，用 0.2％乙烯溶液浸泡 2～3 分钟，然后置于 20～25℃下，4～5 天果实即可转色。这种方法简便，成本低，省工省药，但果实色泽略差一些，有些发暗偏黄，品质也有所下降。

第三节　设施豆类蔬菜

一、设施菜豆生产技术

（一）设施栽培茬口安排

1. 塑料薄膜大棚茬口安排　华北区的暖温带气候区，春提前茬，一般于温室内育苗，苗龄一般为 2～3 叶 1 心，45～50 天。在 3 月中旬定植，4 月中下旬始收供应市场，一般比露地栽培可提早收获 30 天以上。秋延迟茬，一般是 7 月上中旬至 8 月上旬播种，7 月下旬至 8 月下旬定植，9 月上中旬后开始采收，11 中下旬结束，其供应期一般可比露地延后 30 天左右。

2. 日光温室茬口安排　华北区冬春茬也叫越冬一大茬生产，一般是夏末到中秋育苗，初冬定植到温室，冬季开始上市，直到第二年夏季，连续采收上市，收获期一般为 120～160 天。春提前栽培一般于温室内育苗，苗龄一般为 50 天左右。在 2 月上旬定植，3 月中下旬始供应市场，一般比大棚栽培可提早收获 30 天以上。

（二）适宜设施栽培的菜豆优良品种

　　我国菜豆品种资源极为丰富，按生长习性可分为蔓生种、矮生种及半蔓生种。蔓生种栽培面积最大，生产上多以主食豆荚的软荚种，主要品种有双丰 1 号、架豆王、鲁菜豆 1 号、双青（12 号菜豆）、超长四季豆、碧丰（绿龙）、齐菜豆 1 号、甘芸 1 号、8511 架芸豆、红花黑籽四季豆、日本大白棒、秋抗 6 号。矮生种栽培面积小，供应期短，主要在城市近郊分布，对补充城市淡季蔬菜有一定作用。主要品种有供给者、优胜者、黑籽冠军地豆、冀芸 2 号、意大利矮生玉豆。半蔓生种生产上栽培不多。

（三）菜豆育苗设施及育苗技术

菜豆为深根系，一般不宜育苗移栽，但塑料大棚或日光温室春提前栽培时，早春气温低，为便于苗期集中管理，防止烂种死苗，提早上市，提高大棚和温室的利用率，应采用营养钵或穴盘等保护根系措施育苗。育苗场所设在日光温室内，或在大棚内套小拱棚育苗。

1. 育苗方式的选择

（1）营养土育苗。在温室内距前沿 1.5 米处，挖一个东西延长的育苗床，整平、踏实。菜豆的日光温室育苗方式如图 5-7 所示。

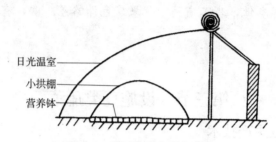

日光温室——
小拱棚——
营养钵——

图 5-7　菜豆的日光温室育苗

将营养装入土营养钵，紧密摆放在畦内，营养钵之间的空隙用土填好。也可用纸袋代替营养钵，纸袋的直径为 10 厘米，高 10 厘米。如果利用营养土（营养土配制方法参考黄瓜）方育苗，直接在畦内铺垫 10 厘米厚的营养土，播前浇透水，水渗后按 10 厘米见方在畦面上切划方格，深 10 厘米。

（2）穴盘育苗。菜豆穴盘育苗常用 50 孔、72 孔穴盘，较理想的育苗基质是草炭：蛭石：珍珠岩＝1：1：1 按体积比复配的复合基质。

2. 播种及管理

（1）播种

①种子的准备。通过筛选或水选法精选饱满的优质种子。

②种子消毒。用种子重量的 0.3%（每 1 千克种子用药 3 克）的 1% 甲醛药液将种子浸泡 10～20 分钟，然后用清水冲洗干净种子，随即浸种催芽。

③浸种催芽。用 55～60℃ 温水浸种 10～15 分钟，并不断搅拌，水温降至 30℃ 后再浸泡 4 小时，用 0.1% 高锰酸钾液消毒 20 分钟，用流水洗去种子表面残留物。然后用湿布包好，在 25～30℃ 下催芽，种子"露白"即可播种。

应选择晴天播种，播种前把苗床的营养钵、纸袋浇透水，水渗后撒一层细土（即翻身土），然后每钵播 2～3 粒种子，覆潮湿的营养土，厚约 3 厘米。苗床上覆盖塑料薄膜，保温保湿，经 3～5 天就可出苗，出苗后撤去薄膜。

（2）管理

①温度管理。按照高温出苗，平温长苗，低温炼苗的原则培育壮苗。苗期温度管理指标见表 5-5。

表 5-5　菜豆苗期温度管理指标

时 期	日温/℃	夜温/℃
播种—齐苗	20～25	12～15
齐苗—炼苗前	18～22	10～13
炼苗	16～18	6～10

②水分管理。播种后浇足水分，出苗前，保证土壤含水量 80％～85％，满足种子吸胀需要；齐苗后，控制浇水，一般不过旱不浇水，保持土壤含水量 60％～70％为宜，防治形成高脚苗；第一片真叶展开后，依据苗情，适时浇水，土壤含水量以 70％～75％为宜，促进叶片和根系的发育。

（四）定植及定植后的田间管理

1. 塑料薄膜大棚菜豆田间管理技术

（1）定植时期和方法。塑料大棚春提前栽培确定适宜定植时期的依据是 10 厘米深处土温稳定在 12℃以上，气温稳定在 10℃以上时，是安全定植期。塑料大棚春菜豆栽培生长期长，产量高，必须重施基肥，尤其重施有机肥，防止早衰。每亩施入腐熟有机肥 7500 千克左右，磷肥 50～100 千克，三元复合肥 25 千克，尿素 20 千克。有机肥 2/3 撒施，1/3 沟施，深翻耙平，肥土掺匀。

可以做成平畦，也可以做成小高畦。近几年小高畦地膜覆盖栽培比较多，结合膜下暗灌，降低了大棚内的空气湿度，减少了病害发生。畦高 10～15 厘米，下底宽 70 厘米，上宽 60～65 厘米，两个小高畦之间的距离 30～40 厘米，用 90～100 厘米宽的地膜覆盖。一般先铺膜后定植，经常使用的是高压聚乙烯透明地膜，可使土壤温度提高 2～4℃。有的地方使用杀草膜、光降解膜等，有的用黑色地膜，以防止菜豆早衰。小高畦上每畦栽 2 行。矮生种每亩种植 4 500～5 000穴，每穴 2～3 株。蔓生种每亩种植 3 000～3 500穴，每穴 2 株。

（2）温湿度管理。春季定植后闭棚升温，促进缓苗。夜间棚外四周用草帘覆盖保温防冻，促进根系生长，以加速缓苗。温度超过 35℃，打开顶窗放小风。5～7 天秧苗成活后降低棚温，适度通风，白天控温在 20～25℃，夜间温度保持在 13～15℃，防止徒长。遇到寒流时，可在四周覆盖草苫或在畦面上扣小拱棚防寒，以保持棚温。

进入开花结荚期初期，要有较大的通风量和较长的通风时间，保持棚内白天气温 22～25℃，夜间 15～17℃。结荚期的温度白天控制在 25～30℃，夜间保持不低于 15℃。外界最低温度高于 15℃时，昼夜通风。随着外界气温的不断上升，应加大通风口，进入 6 月可将棚膜完全卷起来通风。为了防止高温强光，用遮阳网或旧塑料棚膜进行遮阳防雨，防治早衰的发生。

（3）肥水管理。菜豆追肥的原则是花前少施、花后多施、结荚期重施、轻施氮肥，增施磷钾肥。前期可根据长势酌情施速效肥提苗，氮肥既不能缺（因为根瘤菌尚未发育好），又不能过多，过多易徒长落花。缓苗后可进行第一次追肥，浇施无害化处理的人粪尿1 000千克，复合肥 20 千克。显蕾后，进行第二次追肥，每亩施尿素 20 千克左右，磷酸二氢钾 15 千克左右，人粪尿1 000千克。并结合防病治虫进行根外追肥防早衰，叶面喷施 0.02％钼酸铵，或 3％～5％过磷酸钙，或 0.3％磷酸二氢钾，均有利结荚、增加产量。进入结荚盛期，要追肥 2～3 次，氮磷钾配合施用。

早春大棚菜豆定植时浇水不要太大，以免地温过低，影响缓苗。缓苗后，结合追施发棵肥浇一次缓苗水，以后不干不浇水，一直到花蕾露白时。此阶段以中耕松土为主，提高地温，促进根系生长，防止徒长。到结荚盛期，浇水量增大，一般每 7～10 天浇一次水，保持土壤湿润，浇水要均匀。菜豆生长期间空气相对湿度保持 65％～75％，适宜的土壤相对湿度为 60％～70％。

（4）植株调整。菜豆植株抽蔓后，要及时吊蔓或插架。如果采用吊蔓栽培，引蔓绳的上端不要绑在大棚骨架上，而应绑在菜豆植株上部另设的固定铁丝上。铁丝距离地面 2 米左右，每穴一根吊绳，下端固定在植株的基部，或者把下端绳头插入土中 20 厘米进行固定。在菜豆植株生育后期要及时摘除收荚后节位以下的病叶、老叶和黄叶，改善通风透光状况，以减少落花落荚。植株长爬满架面，不便于作业时，可落蔓盘蔓，使整个棚内的植株生长点均匀地分布在一个南低北高的倾斜面上。插架可用"篱"架，有利于通风透光，篱架高 1.6 米左右，然后引蔓上架。

（5）保花保荚

①营养因素。植株营养不良是菜豆落花落荚的原因，引起菜豆营养不良的原因有以下几种情况：花期浇水过多或过早，早期偏施氮肥，使植株营养生长过旺，花、幼荚养分供应不足，而导致落花落荚；密度过大，植株间相互遮挡，通风透光条件差，也会导致植株徒长而出现落花落荚；设施栽培时夜温过高，植株呼吸作用增强，消耗过多养分，而导致养分供应不足，出现落花落荚；支架不及时、不稳固或采收不及时，导致营养竞争而落花落荚；生长后期，肥水供应不足，植株早衰长势下降，也会引起落花落荚。

②环境因素。苗期、花期、结荚期遇到不适的环境条件，影响花器发育，产生落花落荚。温度是决定落花落荚的主要因素。菜豆适宜生长发育的温度为18～25℃，低于15℃或高于27℃生长不良。苗期高温和低温影响花芽分化；开花期在高温、高湿或高温、干旱的条件下影响菜豆的花粉发芽力，使花器发育不全，增加不孕花，降低和丧失花粉生活力。花期浇水过多，土壤积水，空气湿度大，作物光照不足，易徒长，感病，导致花粉不能破裂发芽，影响花粉发芽力。土壤或空气干旱会导致花粉畸形、不孕或死亡，从而发生大量落花落荚。菜豆对光照强度的反应很敏感，由弱光引起的减产比低温影响更显著。病虫危害，如发生灰霉病，花部易浸染病害，引起水渍状的烂花，然后脱落。豆荚螟的幼虫蛀食菜豆的花蕾、豆荚，造成落花落荚。

③防止菜豆落花落荚的措施。选用适应性、抗逆性强，坐荚率高的优质菜豆品种。适时播种和适期定植，无论是大棚春提前还是秋延后栽培，都要掌握好适宜播种期，使植株生长健壮，减少落花落荚。大棚和温室早春定植时，选择适合的天气并采用地膜覆盖技术，不但可以提高地温，促进根系生长，提早开花，还可以降低空气湿度，减轻病虫害发生，防止落花落荚。加强栽培管理控制，合理的栽培密度，特别是冬春季栽培时，更要避免密度过大而影响通风透光。田间要及时支架或吊绳，在生长后期及时将底部的黄叶、老叶摘掉，减少营养消耗。从菜豆甩蔓末期至开花初期，要控制浇水，一般情况下不浇水，本着"浇荚不浇花""干花湿荚"的原则浇水，否则易引起植株徒长。除施用充分腐熟的有机肥外，追肥时注意氮肥要适量，氮磷钾肥要配合，结荚期要施足钾肥，避免氮肥过量，造成植株徒长，导致落花落荚。合理调节温度，要根据不同的生长发育阶段，合理调节温度。夜间棚内气温短时最低温度不低于13℃，花期要把白天温度适当降低，以24℃左右为宜，当温度长期高于30℃时，易发生落花落荚现象。降低棚内湿度，铺设地膜，膜下浇水，将空气相对湿度控制在55%～65%，可有效防止病害的发生，且秧苗生长健壮。药剂处理，在苗高30厘米左右时，用0.01%助壮素加0.02%磷酸二氢钾混合液喷雾。在开花期用5～15毫克/千克的萘乙酸喷施花序，对防止落花、提高结荚率有较好的效果。及时防治灰霉病、豆荚螟、豆野螟等病虫害，防止落花落荚。

2. 日光温室菜豆

（1）定植。华北地区日光温室菜豆越冬茬一般在12月底至元月上旬定植。前茬收获后及时清理田园，施入有机肥7 500千克左右，并配合其他化肥的施用。施肥后深翻并耙平，做成1.2～1.3米宽的平畦，或做成小高垄，具体方法参照大棚菜豆春季栽培。

（2）温度管理。定植后的一周内，密闭不放风，保持温度在 25～30℃，以促进根系生长，加速缓苗。当温度超过 30℃时，进行放风。抽蔓期温度白天保持在 20～25℃，夜间保持在 13～15℃，开花期，温度高于 28℃，低于 13℃时都会引起落花落荚。当外界最低气温稳定在 15℃以上时，可以昼夜通风。

（3）肥水管理。苗期保持土壤湿润，见干见湿，蹲苗促根。当第一花序上的豆荚长到 3～5 厘米时，开始追肥浇水，早期气温较低，蒸发慢，浇水次数少，一般 10～15 天浇水一次，开花结荚后，温度逐渐升高，浇水次数也逐渐增加，一般 7～10 天一次，6 月后，3～5 天一次。结合浇水进行追肥，采用"一浑一清"施肥法，早期以氮磷钾配合施用，亩施 10～15 千克，结荚期以磷钾肥为主，适量配合氮肥，每次每亩追施高钾高磷三元复合肥 20～25 千克。

（4）植株调整。温室内宜吊蔓栽培，增加通风透光性。菜豆秧棵爬满架后，应及时摘心，以避免茎蔓缠绕，影响通风透光，造成落花落荚。同时摘心还可以促进侧枝发生，增加开花节位，提高产量。

为防止徒长，促进侧枝发育，在蔓高 30 厘米时，可喷洒 150 毫克/千克的助壮素和 0.25% 磷酸二氢钾，蔓高 50 厘米时再喷一次，花蕾期喷洒 5～25 毫克/千克的萘乙酸防止落花落荚。

（五）采收

设施栽培的菜豆在花后 13～15 天即可采收嫩荚，每隔 3～4 天采收一次，要勤摘，采收时不要碰其他花序，切忌收获过晚，豆荚老化，降低产品质量。

二、设施荷兰豆生产技术

（一）设施栽培茬口安排

1. 塑料薄膜大棚栽培茬口安排　北方地区塑料大棚春提前栽培一般在 1 月播种，2 月中下旬定植，4 月下旬至 6 月上中旬采收嫩荚；秋延后栽培一般在 7 月中下旬播种，8 月定植，9 月中旬至 11 月中采收嫩荚；冬茬一般在 10 月中下旬直播，翌春 4 月上中旬采收。

2. 日光温室栽培茬口安排　北方地区日光温室越冬茬栽培一般在 9 月下旬至 10 月上中旬播种，11 月上中旬定植，12 月下旬至 2 月上中旬采收嫩荚；冬春茬一般在 11 月中旬至 12 月下旬播种，12 月下旬至 2 月上旬定植，2 月上旬至 4 月采收嫩荚。

（二）适宜设施栽培的荷兰豆优良品种

常用的品种有富达特选荷兰豆、中山青、大荚豌豆、白玉豌豆、甜丰豌豆、中豌 2 号、中豌 4 号、中豌 6 号、法国大荚豌豆、矮茎大荚荷兰豆、浙豌 1 号、食用大荚豌 1 号、京引 8625 等。

（三）荷兰豆育苗设施及育苗技术

1. 育苗设施的选择　可选用电热温床育苗和穴盘育苗。

2. 育苗技术

（1）播种时期的确定。大棚春早熟栽培苗龄一般较长，为 30～35 天，生理苗龄 4～6 片真叶为宜。

播种期由苗龄、定植期和市场需求来决定。华北地区一般在 2 月定植，最晚可推迟到 3 月上旬，故播种期应在 1 月。也可以在大棚内直播，但大棚内温度条件不如日光温室，播种期要推迟。华北地区早春在大棚内直播于 2 月下旬至 3 月初播种。播种不能过迟，否则达不到早熟的目的。

（2）播种前的准备工作

①种子准备。选粒大、饱满、整齐、有光泽、健壮无病虫害的纯种，以保证苗全苗壮。一般每平方米需种子 6～7.5 克。

②播种床的准备。见菜豆部分。

（3）播种及播后管理。播种前浇透苗床，以满足整个苗期用水。用营养土方育苗的，浇水划格后即可播种。荷兰豆子叶不出土，播种时应比菜豆、豇豆稍深。每个营养钵或营养土方挖 3～4 个深 4 厘米左右的播种穴，每穴播 1 粒种子，然后覆盖潮湿的营养土，厚 4～6 厘米。播后在苗床上覆盖塑料薄膜，保温度保湿，促进出苗。荷兰豆耐寒，一般不用小拱棚临时覆盖。

播种初期气温控制在 10～18℃，待苗出齐后及时撤去苗床上的薄膜，适当降温到 10～15℃。荷兰豆幼苗可忍耐 -6～-4℃的霜冻，所以苗期温度不能过高，以免影响幼苗的质量。从定植前 5～7 天逐步进行低温锻炼，加大放风量，白天温度不超过 18℃，夜间降到 8～10℃，以增强幼苗对低温的适应能力。

（四）定植及定植后的田间管理

1. 塑料薄膜大棚

（1）定植时期和方法。华北地区一般在 2 月定植，应在定植前 20 天左右扣棚烤地，促进土壤解冻。解冻后深翻施肥。每亩施优质有机肥 7 500 千克，过磷酸钙 30 千克，然后深翻耙平。做畦时宜做成小高畦，畦宽 80 厘米，高 10 厘米，畦沟宽 40 厘米。也可做成平畦，畦宽 1 米或 1.5 米。1 米宽的平畦，每畦栽 1 行，穴距 15～18 厘米；1.5 米宽的平畦，每畦栽 2 行，穴距 20～25 厘米。一般要采用暗水定植，以提高地温，促进缓苗。方法是按行距开沟浇水，待水即将渗完时，按穴距摆苗，水渗后覆土填平。挖穴或摆苗时，要两两对齐，以便搭好稳定的支架预防倒状，利于通风透光。用小高畦栽培的，每畦栽 2 行，在畦上按穴距打孔，穴距 18～20 厘米，栽苗后，用土封好定植孔，防止伤苗。

（2）温湿度管理。定植以后，要密闭大棚 5～6 天，以促进地温的升高。在缓苗期间中午可短时通风，适当降温，防止烤苗。缓苗结束后，降低棚温，防止徒长。荷兰豆生长适宜温度为 9～23℃，所以要求棚内气温不超过 25℃。超过 25℃时，空气湿度要求 60%～80%。若遇到寒流、霜冻、大风、雨雪天气，应采取临时增温的措施，最常见的是在大棚四周围草苫。随着外界气温的升高，逐渐撤去"围裙"，并开始加大放风量，但夜间要关闭风口。开花结荚期要求白天控温在 15～20℃，夜间 12～16℃，空气相对湿度 80% 左右。进入结荚期，一般控温在 18～20℃。若温度超过 26℃，虽然果荚生长快、采收早，但品质降低、产量也减少。空气湿度要求 80% 左右，湿度小则影响果荚的发育。当外界气温在 15℃ 以上时，可昼夜通风。

（3）肥水管理。定植时浇定植水。缓苗后，若土壤墒情不足要浇缓苗水，但浇水量不要过大，以防地温降低。缓苗水之后到开花结荚（即第一花序形成小荚时期）一般不再浇水，只进行中耕培土蹲苗，防止徒长。中耕 2～3 次，第一次浅中耕，第二次加深，最后一次也要浅中耕，以防损伤根系。结合最后一次浅中耕，向根际培土，但不要埋住低节位的分枝。开花结荚期开始追肥浇水，可追肥 2～3 次。用人粪尿加入少量的过磷酸钙稀释后施入。如果基肥不足，可追施硫酸铵，每亩追施 20 千克左右，一般每隔 10～15 天浇一次肥水。每次浇水后，要加大放风量，以减少病害的发生。结荚期用 0.1%～0.3% 磷酸二氢钾进行叶面喷肥，防止秧棵早衰。

（4）植株调整。当苗高 30 厘米左右时，及时插架。引蔓上架后，通风透光好、茎蔓粗壮、结荚多、籽粒饱满、产量比不搭架的高 1 倍以上。插架时，要根据品种高矮，选用不同长度的架竿，搭"篱"架，并人工引蔓绑蔓上架。当茎蔓爬满架时，可进行摘心，促进侧枝的发生，增加开花数和结荚数。有的品种在株高 30 厘米时即可摘心，以利发生侧枝。

2. 日光温室荷兰豆

（1）整地施肥做畦。荷兰豆忌连作，一般应 2～3 年轮作一次。整地时，每亩施腐熟的有机肥 7 500 千克，过磷酸钙 45～50 千克，草木灰 50～60 千克。深翻 20～25 厘米，耙平后做畦。单行定植时畦宽 1 米，穴距 15～18 厘米。双行定植畦宽 1.5 米，每畦栽 2 行，穴距 21～24 厘米。

（2）适时定植。定植时按株行距挖穴，在穴内浇水，再栽苗，覆土后耙平畦面。一般亩栽苗 4 500 穴左右。

（3）温度管理。日光温室荷兰豆越冬栽培的幼苗期和抽蔓期正值 10—11 月，华北地区气温不十分低，只要及时揭盖、覆盖塑料薄膜即可保持棚室内适宜的温度。定植后一周内，一般温度控制在 25～30℃。此期应注意白天通风，防止温度过高，造成植株徒长。缓苗后到现蕾前，温室白天控温不超过 25℃，夜间不低于 10℃。荷兰豆在开花结荚期白天应保持 15～20℃，夜间 12～16℃。此期正值 12 月至翌年 1 月寒冷时期，外界气温很低，应采取一切措施保持温度。白天扣严塑料薄膜，夜间加盖草苫子，防止寒潮侵袭造成冻害。在晴朗的白天，也应注意通风，防止 25℃ 以上的高温。

（4）肥水管理。日光温室荷兰豆的越冬栽培时，气温较低，温室中蒸发量较小，不需要多浇水。浇定植水后，一直到现蕾前不浇水，进行中耕保湿，以促进根系发育，控秧促荚，保证植株健壮。当第一花结成小荚时，必须给以充足的水肥，以促进结荚和幼荚迅速生长。一般每 20 天浇一次水，在开花结荚盛期结合浇水每亩施复合肥 20～25 千克。

（5）搭架引蔓。在温室内多用竹竿和绳结合的方法支架，或用尼龙绳吊蔓。应每隔 40～50 厘米，用人工绑缚一次，使其分布均匀，通风透光，易于结荚。

（五）采收

荷兰豆的采收要根据用途进行。采收嫩荚时，在花后 10 天左右，果荚停止生长，厚约 0.5 厘米，种子开始发育，尚未长大时为适宜的采收期。所以为保证其品质鲜嫩，应稍早采摘。采收嫩豆粒时宜稍晚，在花后 15～18 天，青荚停止生长，并由深绿色转为浅绿色，豆粒开始饱满时适期采摘。嫩豆粒采收过早，品质虽然好，但产量低；采收过晚，淀粉含量增高，糖分下降，品质及风味差。由于荷兰豆的果荚自下而上逐渐成熟，成熟期不一致，应分次采收。采收时一定要采摘干净，否则影响上位嫩荚的生长。采收期达 1 个多月左右，每亩产嫩荚 750～1 000 千克。嫩荚采收后，放于阴凉处。

第四节　根茎叶菜类蔬菜

一、设施莴苣栽培技术

（一）设施栽培优良品种

1. 叶用莴苣

（1）皱叶莴苣。叶片深裂，叶面皱缩，有松散叶球或不结球。主要品种有软尾生菜、鸡冠生菜、绿波等。

（2）长叶生菜。又称散叶莴苣，叶全缘或锯齿状，外叶直立，一般不结球，有的长成松散圆筒形或圆锥形叶球，以欧美栽培较多。主要品种有岗山沙拉生菜、广州牛俐生菜等。

（3）结球莴苣。叶全缘、有锯齿或深裂，叶面平滑或皱缩，外叶开展，心叶形成叶球。叶球有圆、扁圆或圆锥形。主要品种有广州结球生菜、大湖 659、皇帝、美国大叶速生等。

2. 茎用莴苣 又称莴笋，品种较多，按叶片形状可分为尖叶莴笋和圆叶莴笋。

（1）尖叶莴笋。叶簇较小，叶片披针形，先端尖或皱缩，茎棒状，上细下粗。适于秋季或越冬栽培，主要品种有北京柳叶笋、上海大尖叶、成都尖叶子等。

（2）圆叶莴笋。叶簇较大，叶片倒卵形，顶部稍圆，叶面皱缩，茎粗大，中下部较粗。多作越冬栽培，主要品种有北京鲫瓜笋、上海大圆叶、孝感莴笋等。

（二）设施育苗技术

1. 种子处理 用 50％福美双可湿性粉剂或 75％百菌清可湿性粉剂，按 0.4％拌种防治霜霉病、黑斑病，用菜丰宁或专用种子包衣剂拌种防治软腐病。

2. 播种育苗 日光温室叶用莴苣一般安排秋冬茬、越冬茬和冬春茬栽培。秋冬茬栽培一般在 8 月下旬至 9 月上旬播种，苗期 25～35 天，9 月下旬至 10 月上旬定植到温室内，元旦可大批供应市场。越冬茬和冬春茬，9 月下旬至 12 月随时可以播种。采用穴盘育苗方式。

3. 苗期管理 出苗前，应控制温度白天 20～25℃，夜间 10～15℃。当幼苗长至 5～6 片叶时即可定植。苗期注意防止霜霉病和灰霉病的发生，可喷 1～2 次 75％百菌清 600 倍液或甲基硫菌灵 1 500 倍液加以预防。

（三）叶用莴苣设施栽培技术

1. 定制前准备 定植前 7～10 天整地施肥，每亩施腐熟有机肥 1 500 千克，氮磷钾三元复合肥（15：15：15）25～30 千克/亩。北方日光温室栽培一般采用平畦。

2. 定植方式及密度 早熟品种株行距为（25～30）厘米×（25～30）厘米，中熟品种 30～35 厘米见方。定植不宜太深，否则缓苗慢，栽后应及时浇定植水。

3. 温度管理 秋冬寒冷季节定植莴苣后要提高温度，缓苗期不放风，还可加小拱棚增温，缓苗后再逐步加强放风，白天温度控制在 18～25℃，夜间最低不低于 10℃。

4. 肥水管理 定植浇水后，根据墒情再浇 1～2 次缓苗水，之后中耕松土。6～7 叶期追施第 1 次肥，亩用尿素 5～7.5 千克；10 叶期第 2 次追肥，亩用尿素 8～10 千克、氯化钾 3～4 千克；开始包心时追第 3 次肥，亩用尿素 8 千克、氯化钾 4～6 千克。每次追肥均结合浇水施入。叶用莴苣既怕干旱又怕潮湿，所以水分管理很重要，适宜的土壤含水量为 60％～65％，同时注意空气湿度不要太高，冬季温室应注意通风，使叶面保持干燥，以利防病。

5. 采收 叶用莴苣的收获要做到适时采收，散叶莴苣生长到10～12片叶时为最适的收获期，此时采收，品质最好。结球莴苣在定植后50天左右，叶球充分长大，包合紧实时采收。收获时选择叶球紧密的植株自地面割下，留3～4片外叶保护叶球。收获时要轻拿轻放，避免挤压和揉伤叶片。

（四）茎用莴苣设施栽培技术

1. 定植前准备 每亩撒施腐熟有机肥1 500千克、复合肥10～15千克。每亩用50%多菌灵可湿性粉剂1千克均匀撒施后旋耕。

2. 定植方式及密度 育苗移栽，茎用莴苣4～6片真叶定植，埋土到根茎处，不超过心叶，将土压实。株行距30厘米×30厘米或25厘米×30厘米。

3. 温湿度管理 缓苗期，密闭温室，保持白天温度20～25℃，夜间8～10℃。缓苗结束后，保持温室白天温度18～22℃，夜间8～10℃，适时放顶风，降低湿度。生长中后期，打开前沿通风。

4. 肥水管理 定植后浇缓苗水1～2次，适时蹲苗。蹲苗结束，8片叶团棵时开始浇水，间隔7～10天浇1次水，每亩浇水3～4米^3。莲座期，长至16～17片叶、茎部开始膨大时随水施肥，每亩浇水6～8米^3，每浇2次水施1次肥，每亩施复合肥5～8千克，浇水要匀，防止茎部开裂。

5. 光照管理 提早揭棉被，延迟盖棉被，延长光照时间，定期清洁棚膜。

二、设施西洋芹菜栽培技术

（一）设施栽培茬口安排

芹菜最适春秋两季栽培，而以秋季为主。因幼苗对不良环境有一定的适应能力，故播种期不严格，只要能避开先期抽薹，并将生长盛期安排在冷凉季节就能获得丰产优质。北方采用设施栽培与露地栽培多茬口相结合（表5-6）。

表5-6　设施栽培茬口安排

栽培方式	播期（旬/月）	定植（旬/月）	收供（旬/月）	备注
大棚秋茬	下/6	下/8	底/10—上/11	露地育苗
改良阳畦秋冬茬	上/7—上/8	上/9—上/10	上/12—3	露地育苗
日光温室秋冬茬	中/7—上/8	中/9—上/10	翌年1—2	露地育苗

（二）设施栽培优良品种

优良品种有文图拉、意大利冬芹、意大利夏芹、荷兰西芹、开封玻璃脆等。

（三）设施育苗技术

1. 苗床准备 苗畦要选择地势高燥、排灌方便，疏松肥沃的地块，做（1～

1.2）米×（6～10）米的畦。每畦施入优质圈肥 150 千克，过磷酸钙 1～2 千克，草木灰 3～5 千克，土肥混匀，搂平踏实，备好过筛细土。育苗畦面积为栽培面积的 1/10 左右。

2. 种子处理和播种　芹菜发芽适宜温度为 15～20℃，播种前 5～7 天用冷水浸种 24 小时，并进行多次揉搓换水，直到水清为止，然后用干净的湿布包好，吊在水井内水面上进行催芽。有条件的可在冰箱（14～18℃）中催芽。催芽期间，每天用清水冲洗一次，有 80％ 的种子露白时即可播种，一般需 6～7 天才能出芽。如用 50～100 毫克/升的赤霉素或 1 000 毫克/升的硫脲浸种 12 小时左右，可以代替低温催芽，即用赤霉素或硫脲处理后可直接掺沙播种。

播种前先浇透底水，水渗后可先撒层细土，然后将种子掺上适量细沙进行撒播，随后覆过筛细土 0.3 厘米厚，每亩用种量 250～300 克。

3. 苗期管理　芹菜幼苗期时间长，杂草多，要及时除草，芹菜喜冷凉湿润气候，气温过高，发芽慢而不整齐，最好在畦上方搭一凉棚。覆盖一层塑料膜，一层遮阳网，或在塑料膜上面放些秸秆、树枝等。既防暴雨又防烈日，有利出苗。育苗畦要保持土壤湿润，出苗前要小水勤浇，以降温保湿利于出苗。出齐苗后逐渐撤去遮阳材料，加强对幼苗的锻炼。出现第一真叶可进行间苗，苗距 1.5～2.2 厘米，同时，喷洒 1 000 倍高锰酸钾溶液预防苗期病害。2～3 片真叶时进行第二次间苗，苗距 2.5 厘米左右。并可淋施少量粪水，或淋施 0.5％～0.6％ 的尿素加少量的过磷酸钙、钾肥，促进幼苗生长。

（四）设施栽培技术

1. 防虫消毒　移栽前，喷洒 75％ 百菌清可湿性粉剂 800 倍液加 40％ 乐果乳油 1 000 倍液，可防治叶斑病和蚜虫。

2. 整地施肥　定植前清理前茬杂物，每亩畦面施充分腐熟的有机肥 3 000～5 000 千克、过磷酸钙 50 千克、碳酸氢铵 25 千克、硫酸钾 25 千克，缺硼的地块施硼砂 0.5～1 千克。深翻 30 厘米后做畦，畦宽 1.5～1.8 米，长度根据设施的宽度决定。

3. 定植密度　移栽最好选择阴天，定植前苗床浇适量水，第二天带土起苗，大小苗分开定植。单株定植，西芹株行距 10 厘米×25 厘米。

4. 定植后的管理

（1）温湿度管理。霜冻前，当白天气温降到 10℃ 左右，夜间低于 5℃ 时及时上好棚膜。初期昼夜通风，当温室内最低温度降到 10℃ 以下时，夜间关闭风口，5℃ 时加盖草苫。使棚内温度白天保持 20～25℃ 夜间 13～18℃。空气相对湿度保持 80％ 左右。

（2）肥水管理。扣棚前要浇足水，并随水追施尿素 15 千克/亩左右，进入营养生长盛期，追施速效氮肥，每隔 5～7 天浇一水，追肥 2～3 次，每亩可追硝酸铵 15～20 千克，有条件时还可追施钾肥。保护地气密性好，土壤水分比露地蒸发慢，灌水后注意通风排湿，并尽量减少灌水次数。追肥时也不宜使用挥发性强的碳铵、氨水等肥料，以免氨气中毒。采收前一个月，叶面喷施 50 毫克/千克赤霉素两次，间隔 15 天左右，喷后追肥可以促进生长，使叶柄加宽加厚，叶面积增大，增产效果明显。

（五）采收

可以进行掰收，当外叶 70～80 厘米时可陆续掰叶，共掰 5～7 次。每次掰叶后每亩追硫酸铵 20 千克，最后连根铲除。现在采收都是整株采收，老叶、黄叶摘除，把根削平，几棵捆在一起。

三、设施韭菜栽培技术

（一）设施栽培茬口安排

韭菜是葱蒜类蔬菜设施栽培中最广泛的一种，适应性强，栽培形式多样，适合各种类型的设施栽培。塑料薄膜大棚栽培主要是韭菜的春早熟和秋延后栽培；日光温室主要进行越冬栽培，有两种形式：一种是在韭菜休眠后，在温室中适时增温保温进行生产。另一种是秋冬连续生产，即秋末韭菜尚在旺盛生长时期，收割后即扣棚增温，连续生长。

（二）适宜设施栽培的韭菜优良品种

常用的优良品种有 791 雪韭、大金钩、平韭六号、富韭 18、韭霸 8 号、华夏长青韭 F_1、绿剑 F_1、太空绿霸 F_1、铁杆黑苗、中华韭霸、四季薹韭。

（三）设施韭菜栽培技术

1. 塑料薄膜大棚韭菜栽培技术

（1）品种选择。选用有抗低温、高产、品质好、叶宽等优点的韭霸、791 雪韭等品种。

（2）韭根培养。1～2 年生韭根，扣棚后才能高产。于第一年 5 月中旬直播。深翻土地，亩施有机肥 5 000 千克，扩成 1 米宽畦，每畦播 5～6 沟，亩播量 4～5 千克。出苗前用 50％除草剂 1 号化学除草，每 100～150 克兑水 150 千克喷洒地面。2～3 叶追肥，每亩施农家肥 500 千克或硫酸铵 10～20 千克。6—8 月防韭蛆，90％晶体敌百虫 500～800 倍液，或辛硫磷 1 500 倍液灌根，共两次。封冻前灌封冻水。

（3）养根管理

①肥水管理。立秋以前，一般不进行追肥、浇水和收割。8 月中下旬重施一

次肥，亩施腐熟的豆饼100～150千克，撒于行间，并喷药防止韭蛆，然后锄地混匀。9月中下旬，亩追复合肥15～20千克。10月上旬停止施肥浇水，以防贪青徒长，影响营养物质积累和正常"回根"。

②二年生以上韭菜的养根及管理。韭菜可连续采收3～5年，春季停割后，养分消耗很大，一般每亩施圈肥7 500千克以上。由于韭菜"跳根"，对多年生韭菜应在早春结合追肥适当培土，厚度以跳根高度而定，一般3～4厘米。

（4）适时覆盖。一般夜间有草苫覆盖的保护栽培，可于收割前40～50天覆盖，单层拱棚覆盖期可早可晚。11月下旬至12月上旬开始覆盖，先将枯叶搂掉，使鳞茎外露，4～5天后灌一次杀虫剂。1～2天后浇水，每亩施尿素15～20千克，撒一层干土后盖膜，夜间盖草苫等。

（5）扣棚后管理

①温度。第一茬收割后，盖严薄膜，待苗高达8～10厘米时进行通风。第三茬收割后，撤掉薄膜，露地养根。

②肥水。第一、二茬不追肥浇水，第三茬在苗高达8～10厘米时，浇水并每亩施硫酸铵10～15千克，追肥离收获期间隔30天。

③培土。当韭菜长出地面4～5厘米时，用细干土培于韭丛株间，随即盖膜，一般培土3次，总厚度10厘米左右。

2. 日光温室韭菜

（1）品种选择。主要品种有平韭4号、嘉兴雪韭、791雪韭等。

（2）培养健壮根株。冬季温室韭菜既可以直播，也可以育苗后再定植。一般育苗后定植的比直播的生长整齐，产量高，因此有条件的最好采用育苗移栽的方法。进行温室韭菜生产既可用当年播种的韭菜，也可用2年以上的韭菜，以2年生以上的韭菜为好。如用当年播种的韭菜，应尽量早播，以培养健壮的根株，提高产量。

（3）整地施肥。韭菜对土壤要求不严格，但以选择排水良好和肥沃疏松的沙质壤土为好，忌与同类蔬菜（大蒜、大葱）连作。韭菜幼芽出土能力比较弱，播前要精细整地。每亩施入腐熟优质基肥5 000千克左右，腐熟饼肥200～300千克，磷酸二铵30～40千克，耕翻15～20厘米。

（4）播种

①播期。一般当10厘米地温稳定在10℃以上为韭菜播种适宜期。华北地区一般在4月上中旬。

②播种方法。在播种前将种子先晾晒1～2天，可明显提高发芽率。韭菜育苗多用平畦撒播或条播；直播时多采用宽幅沟条播，即在做好畦内开沟，沟深6～7厘米，沟底宽10～15厘米，沟距25厘米。种子可采取干播法，即整平畦

面或开沟后，先播种，覆土踩实后浇水，出苗前，根据墒情浇1～3次小水，保持畦面湿润，以利出苗。

③播种量。每亩播种量4～5千克，如种子发芽率低时，应相应增加播种量。

(5) 苗期管理

①浇水。韭菜出苗以后，秧苗生长很缓慢，需水量不大，因此应少浇水，防止苗子生长过嫩。出苗前2～3天浇一水，苗齐后5～6天浇一水，当株高达到13～16厘米以后，减少浇水，防止倒伏烂苗。

②施肥。当苗子长到13～16厘米高时，每亩可追施尿素5～8千克，或人粪水500～750千克，追肥后浇水。

③除草。可用25%的扑草净防除杂草，具体方法是：每亩用药180克，用少量食醋将药调成糊状，再加少许水稀释为原液，兑水50～60千克，于韭菜出苗前2～3天喷洒畦面，效果很好。注意喷洒要均匀一致，每畦用药量要一致，不要重复用药。剩余的少量杂草可人工拔除。

(6) 定植。定植前应先施肥做畦，一般每亩施腐熟粪肥5 000千克以上，肥土混匀后，整平畦面，准备定植。可平畦栽，也可沟栽，定植的株行距有宽行大撮和窄行小撮。宽行栽培行距30～35厘米，撮距15～20厘米，每撮30多株，适于生产软化韭菜。窄行行距13～17厘米，撮距10～13厘米，每撮10～15株，适于生产青韭。定植时，为了便于定植和减少水分蒸发，可将苗留根长6～10厘米，留叶长10厘米，将其余的根叶剪掉，按行距开沟，沟深10～13厘米，将每撮根茎对齐，按撮距埋入沟内，一般以叶鞘部分埋入土中为宜，过深影响分蘖，过浅容易散撮。栽后立即浇水，以利成活。

(7) 定植后的管理。韭菜在定植2～3天后，应及时浇一次缓苗水，待表土稍干连续中耕2～3次，蹲苗保墒。幼苗期保持表土见干见湿，3片叶时浇一次大水，并结合间苗或补苗。7—8月，高温多雨季节，雨后要注意排水，一般不追肥，及时清除杂草，防止株丛倒伏和腐烂。入秋以后，是韭菜生长的最佳时期，应加强肥水管理。每亩追磷酸二铵30～35千克，有条件的也可追施200千克饼肥或2 000千克腐熟粪稀，追肥后每7天左右灌一次水。当旬平均气温降至18～20℃时结合灌水再追一次速效肥料，以后气温下降，为防止贪青，应适当控制灌水，促营养回根运输。

(8) 及时扣膜保温

①扣膜前准备。在秋末韭菜休眠前，首先将日光温室骨架建造好，一般到11月下旬，韭菜回根后，其地上部已全部枯萎，要及时清理枯叶，覆盖薄膜及草苫，但不要覆盖过早，否则韭菜的营养回根少，生长迟缓，产量低而不稳。但

对河南 791 等无休眠期的品种，可不经回根即可扣棚。

②扣膜后管理。温度管理，在萌发阶段密闭温室不放风保温，尽量提高温度；出土后及时放风，降低室温，最高室温不超过 23℃，一般室温白天维持在 18～22℃，夜间 8～12℃。在初扣膜温室韭菜萌发前及每次收割后，为加速韭菜萌发生长室温应提高，可达 30℃左右，夜间温度提高到 15℃左右。收割前应适当将夜温降至 8℃左右，控制收割前的生长速度，促叶片生长健壮。肥水管理，温室韭菜的生长、主要依靠露地育苗期间积累的养分以及扣棚前土壤中积存的水分和养分进行生长，一般不再大量追肥灌水。如收割 1～2 茬韭菜后，出现生长缓慢，叶色发黄等缺肥现象，应适时追肥和浇水，一般亩追尿素 10 千克左右，追肥浇水后，注意及时中耕和放风排湿，降低室内湿度，防止病害的发生。

（四）采收

冬季韭菜收割要考虑节日供应，还必须根据生长情况来收割。第一刀的收割期与品种、根株的强弱、温室性能及当年气候情况来决定，如温室保温性能好，根株壮，休眠期较短的韭菜品种，一般在扣温室后 30～35 天即可收割第一刀，以后根据生长情况及市场需求进行收割，收割时要用锋利韭镰平茬收割。

山东寿光大棚蔬菜的利润

1. 成本

（1）建设一个北方型 D9 冬暖式全钢架日光温室 100 米长、10 米宽，成本在 9～10 万元，这样的温室大棚使用寿命在 30 年左右，一般当年可以收回建设投资成本。以后只要每年更换一次温室大棚专用 EVA 膜即可以。

（2）农药、种苗方面可以根据生产需要投入，一般在每亩 2 000 元左右。

2. 收入

（1）辣椒种植一季产量可以达到 1 万～1.2 万千克，蔬菜大棚设施栽培辣椒采收期长，可以在冬季这个蔬菜空档期持续采摘。市场价在 6～7 元/千克，一季收入在 7～8 万元，一个日光温室一年种植两季即 15 万元左右。

（2）黄瓜秋季茬产量 1.3 万～2 万千克，春季茬产量 2.3 万～13.2 万千克。市场价在 3～4 元/千克（年底），5～7 元/千克（年初）。黄瓜种植利润高些，但要求管理细致。

这是以最常见的蔬菜为例，温室大棚还可以走技术、特色之路，种植栽培有机蔬菜、稀有蔬菜，经济效益可以更高。

思考与训练

1. 简述黄瓜设施栽培茬口安排有哪些?

2. 简述西葫芦日光温室栽培温湿度管理技术要点有哪些?

3. 简述西瓜日光温室栽培肥水管理要点有哪些?

4. 日光温室番茄栽培怎样调整植株?

5. 简述韭菜日光温室栽培扣膜后的技术管理要点有哪些?

第五节 芽 苗 菜

一、芽苗菜的种类

(一) 芽菜概念

芽菜是指利用植物种子或其他营养贮存器官,在黑暗或光照条件下直接生长出可供食用的嫩芽、芽苗、芽球、幼梢或幼茎等的总称。

(二) 芽菜种类

根据芽苗类蔬菜产品形成所利用营养的不同来源,可将芽苗类蔬菜分为籽(种)芽菜和体芽菜两类。

1. 籽芽菜 是指利用种子中贮藏的养分直接培育成幼嫩的芽或芽苗(多数为子叶展开,真叶露心),依据其见光多少,可分为两种:软化型,如黄豆芽、绿豆芽、赤豆芽、蚕豆芽等;绿化型,如香椿、豌豆、萝卜、黄芥、蕹菜、荞麦、苜蓿芽苗等。

2. 体芽菜 是指利用 2 年生或多年生作物的宿根、肉质根、根茎或枝条中累积的养分,培育成芽球、嫩芽、幼茎或幼梢。如由肉质根在遮光条件下培育的菊苣芽球。由宿根培育成的菊花脑、马兰头等均为幼芽或幼梢,由根茎培育成的姜芽、石刁柏、竹笋等均为幼茎,以及由植株、枝条培育的树芽香椿、枸杞头、花椒脑等均为嫩芽、嫩叶,豌豆尖、辣椒尖、佛手瓜尖等均为幼梢。

二、芽苗菜的生产

(一) 籽芽菜生产的基本设施

1. 培育场所 凡是具有一定的保温能力、有洁净水源、有一定的光照条件、无污染的场所,均可从事芽菜生产。如塑料大棚、日光温室、小暖窖、闲置的厂房、空置的房屋等。在气温较高的季节,芽菜也可采用平面生产或进行露地栽培。

2. 生产设施

（1）栽培架、产品集装架与展示架

①栽培架的制作。材料可采用 30 毫米×30 毫米×4 毫米的角钢，也可采用（40～45）毫米×（55～60）毫米的红松方木或铝合金等其他材料。栽培架的设计和制作要方便日常操作管理、有利于采光和芽苗菜生长整齐。一般要求架高160～204 厘米，每架 4～6 层，层间距保持 40～50 厘米，架长 150 厘米，宽 60厘米，每层放置 6 个苗盘，每架共计 24～36 个苗盘。

②集装架。其结构与栽培架基本相同，但层间距离缩小为 22～23 厘米，以便提高运输效率。

③展示架。为适应宣传需要，可设计成造型各异、美观大方的芽苗菜展示架，但层架的层间距可稍大于集装架（一般为 30 厘米左右）以便于喷（淋）水管理。

（2）栽培容器。生产上一般多选用市售的轻质塑料育苗盘，苗盘的规格为：外径上口长 60.5 厘米、宽 24.0 厘米，外径下底长 59.5 厘米、宽 23.2 厘米，外高 5～6 厘米。底部和边框有 6 毫米×3 毫米的透气孔眼。

（3）栽培基质。用于籽（种）芽菜生产的栽培基质，应选用洁净、无毒、质轻、吸水持水能力较强、使用后其残留物易于处理的纸张（新闻纸、纸巾、包装用纸等）、白棉布、无纺布、泡沫塑料片以及珍珠岩等。近年来，多采用珍珠岩（在纸床上再铺垫 1～1.5 厘米厚）作为基质，尤其用于种子发芽期较长的种芽香椿等籽（种）芽菜栽培，效果最好。

（4）喷淋设备。人工灌溉可以选择喷雾器或者洒水壶等，也可以用胶皮管连接自来水，在胶皮管的另一头安装一个 1 000 目的喷头。

（5）其他设备。浸种容器及苗盘洗刷容器，产品运输工具等。

（二）栽培管理技术

1. 精选种子 可以作为芽苗菜生产的作物种类很多（表5-7）。无论哪种作物生产芽苗菜，要选择那些籽粒饱满、芽苗生长速度快、下胚轴或茎秆粗壮、抗逆性强（抗烂、抗病、耐热或耐寒等）、产量高、纤维形成慢、品质柔嫩、货架期较长、种子发芽率在 95% 以上、纯度和净度不低于 97%、价格便宜、货源充足、供应稳定的新种子（表5-8），以便提高催芽期间种子的发芽整齐度和质量。香椿种子使用前应注意轻轻揉搓去翅翼，并筛除果梗、果壳等杂物。荞麦种子则应提前 1～2 天进行晒种、并进行风选、簸选或盐水浸种。筛去不饱满、成熟度较差的难发芽或发芽慢的种子。

表 5-7   籽芽菜种类一览表

种类范围	籽芽菜种类
蔬菜作物	豌豆苗、蚕豆苗、萝卜苗、苜蓿芽、白菜苗、甘蓝苗、芥蓝苗、芜菁苗、独行菜苗、鹰嘴豆苗
粮食、经济作物	小麦芽、荞麦芽、绿豆芽、红大豆芽、黑大豆芽、赤豆苗、小扁豆芽、花生芽、芝麻芽、向日葵芽、三叶菜芽、胡麻芽
调味（香料）作物	香椿苗、黄芥苗、荆芥苗、茴香苗、紫苏苗、莳萝苗
野生植物	酸模叶蓼、水蓣菜
药用植物	决明子、枸杞

表 5-8   几种籽芽菜栽培品种

种类	产品商品名称	适用品种
豌豆苗	龙须豌豆苗	青豌豆、灰豌豆、花豌豆、麻豌豆
种芽香椿	紫芽香椿	武陵山红香椿
萝卜芽	娃娃缨萝菜苗	石白萝卜、国光萝卜、德日萝卜、大红袍萝卜
荞麦芽	芦丁苦荞	山西荞麦、内蒙古荞麦、日本荞麦
苜蓿芽	绿芽苜蓿	清水河苜蓿
空心菜	双维	南昌空心菜、泰国藤藤才
赤豆苗	鱼尾赤豆苗	红小豆
花生芽	长生果芽	河南花生

2. 浸种   一般先用 20～30℃ 的洁净清水将种子淘洗 2～3 遍，洗净后浸泡，水量须超过种子的 2～3 倍。一般在达到种子最大吸水量 95% 左右时结束浸种（表 5-9），其间应根据当时气温高低酌情换清水 1～2 次。浸种结束时再淘洗种子 2～3 遍，轻轻揉搓、冲洗，漂去附着在种皮上的黏液，注意切勿损坏种皮，然后捞出种子，沥去多余的水分等待播种。

表 5-9   集中籽芽菜种子适宜浸种时间

籽芽菜种类	最适浸种时间（小时）	种子最大吸水量（占种子重量的%）
龙须豌豆苗	24	117.72
紫芽香椿	24	123.33
娃娃缨萝卜芽	8～12	76.63
芦丁苦荞芽	36	71.39
绿芽苜蓿	24（一般不需浸种）	146.40

（续）

籽芽菜种类	最适浸种时间（小时）	种子最大吸水量（占种子重量的%）
双维藤菜苗	36	126.007
鱼尾赤豆苗	24～36	108.92
长生果芽	24	54.30

3. 播种和催芽 播种，将苗盘清洗了干净后，在底部平铺纸张或再铺1～1.5厘米厚已调湿的珍珠岩，然后进行撒播，要求每盘播种量一致、撒种均匀。播种前除绿芽苜蓿等种子细小的种类可直接进行干籽播种催芽外，其他均需在浸种后进行播种催芽。播种催芽一般分为一段式和二段式两种方法（表5-4）。

（1）一段式播种催芽。即于种子浸种后立即播种，并将播完的苗盘叠摞在一起，每6盘为一摞，置于栽培架上。这种方法多应用于豌豆、荞麦、萝卜等种子发芽较快、出苗需时较短的籽（种）芽菜。播种后置于催芽室保温保湿进行催芽，同时，每天应进行一次捯盘和浇水，调换苗盘上下前后位置，同时均匀地进行喷淋（大粒种子）或喷雾（小粒种子）。一般以喷湿后苗盘内不存水为度，切忌水量过大，以免种子发生霉烂。为了加强苗盘的通风透气，每摞苗盘之间应注意保持适当的窄间距离，一般可离开3～5厘米，以利苗盘出苗均匀。此外，结束催芽后应及时进行出盘，出盘过迟易引起芽苗细弱、柔长，导致后期倒伏并引发病害而降低产量。

（2）二段式播种催芽。即播种后先进行常规催芽，待幼芽"露白"后再进行播种和叠盘催芽。这种方法多应用于香椿、蕹菜等种子发芽较慢或叠盘睦芽期间较易发生种子霉烂的籽（种）芽菜。二段式播种催芽的第一段，一般采用蔬菜常规催芽的方法，但也可利用苗盘等设施进行，其作业程序为：清洗苗盘、撒入已浸种的种子（干种子750～1 000克/盘）、苗盘上下覆垫保湿盘、置入催芽室、进入催芽管理、完成催芽（60%以上种子"露白"）待播。当苗盘移入催芽室以后，除必须保持室内适宜温度外，每天应对种子进行一次淘洗（香椿一般不进行淘洗），并进行2～3次翻倒，同时对保湿盘进行喷水，以保持种子适宜的温、湿度及通气条件，促使种子均匀发芽。3～5天后，当大部分种子幼芽已露出、最长不超过2毫米时应及时播种开始第二段催芽。播种前应再次淘洗种子，以减少种子在叠盘催芽期间的霉烂。第二段播种催芽的程序与一段式相同。

4. 产品形成期的管理

（1）出盘标准。籽（种）芽菜无论采用一段式还是二段式播种催芽，一旦完成催芽，芽苗高度已达到出盘标准（表5-10），即应及时进行出盘。叠盘催芽时间过长，常由于湿度较大或温度较高而导致烂种等病害发生。此外，还常引起徒长，使芽苗下胚轴或茎秆柔弱、细长、导致中后期整体倒伏，影响产品质量。生产上一般在芽苗"站起"后即可出盘。过早出盘将增加出盘后的管理难度，芽苗生长也难于达到整齐一致。不过出盘后须覆盖遮阳网进行遮阳保湿，并增加喷淋水的次数（3～4次），才能促使芽苗生长整齐。

（2）光照管理。出盘后，为使芽苗菜从黑暗高湿的催芽环境安全过渡到栽培环境，在苗盘移入栽培室时应放置在空气相对湿度较稳定的弱光区锻炼一天，然后根据各种芽苗菜对环境条件的要求采取不同措施分别管理。芽苗菜对光照条件的要求远不如一般蔬菜严格，但不同种类对光照强度的要求仍存在一定的差异。芦丁苦荞苗、绿芽肖蓿、娃娃缨萝卜芽等需较强光照，紫（籽）苗香椿、双维藤菜苗次之，龙须豌豆苗、鱼尾赤豆苗则有较强的适应性。故前3种安排在栽培室光照较强的区域，紫（籽）苗香椿和双维藤菜苗可安排在中光区，后两种则可安排在中光区或光照较弱的区域。

表 5-10　几种籽芽菜播种催芽技术指标

播种方式	芽苗菜种类	适用基质	播种量（盘）/克	催芽天数天	催芽温度/℃	出盘标准（芽苗高）/厘米
二段式	Ⅰ紫芽香椿		750～1 000	4～5	20～23	2
	Ⅱ紫芽香椿	2厘米珍珠岩或纸张	50～100	4～5	20～23	0.5～1.0
	Ⅰ双维		1 000	1～2	23～26	2
	Ⅱ双维	纸张	250	2～3	20～23	0.5～1.0
	Ⅰ鱼尾赤豆苗		1 000	1～2	23～26	0.2
	Ⅱ鱼尾赤豆苗	纸张	300	2～3	20～23	1.0～2.0
	Ⅰ长生果芽		1 000～1 500	2～3	23～26	2
	Ⅱ长生果芽		300	8～9	20～23	<3.0

注：长生果第二段催芽结束后即达到产品上市的标准

（3）温度与通风管理。籽（种）芽菜出盘后，应根据不同种类对温度的不同要求分别进行管理（表5-11）。一般的白天气温调控在18～25℃范围内，夜间在15℃为宜。管理过程中应注意避免出现夜高昼低的逆温差。

上述芽苗菜在生长期间若光照过弱或不足，则易引起下胚轴茎叶柔长、细弱，并导致倒伏、腐烂。使产量和品质降低；反之，如光照过强，则将使纤维提前形成，不利生产出优质产品。因此采用温室、塑料大棚作为生产场地的，在进入夏秋季节后，为避免光照过强，须在棚室塑料薄膜上面加盖黑色遮阳网。另外，不管采用哪一种生产场地，必要时还可通过人工捣盘或活动式栽培架的移动和重新"组列"来调节芽苗菜对光照的需求。

表 5-11   几种籽芽菜芽苗生长适温范围

芽苗菜种类	品种	最低温度/℃	最适温度/℃	最高温度/℃	生产周期/天
龙须豌豆苗	青豌豆	14	18～23	30	8～10
紫芽香椿	武陵山红香椿	16	20～23	30	15～18
娃娃缨萝卜芽	国光萝卜	14～16	20～25	35	5～7
芦丁苦荞苗	山西荞	16	20～25	35	8～10
绿芽苜蓿	清水河苜蓿	16	18～25	30	8～10
双维藤菜苗	南昌空心菜	18	20～25	35	10～12
鱼尾赤豆苗	红小豆	16	20～25	30	12～13
长生果芽	河南花生	16	18～25	30	8～10

栽培室气温的调节，通风是最常用的措施之一，同时能保持栽培室内有清新的空气，可交替地降低空气相对湿度，减少种芽的霉烂和避免室内空气中二氧化碳的严重缺失。在栽培室内的温度能得到保证的前提下，每天至少通风换气 1～2 次。即使在室内温度较低时，也要进行短时间的"片刻通风"。但通风时应尽量避免外界寒风直接吹拂芽苗。

（4）浇水与空气湿度管理。芽菜生产所用基质保水持水性差，加之芽苗本身鲜嫩多汁，必须小水勤浇。一般每天应进行 3～4 次雾灌或喷淋（冬春季 3 次、夏秋季 4 次）。浇水要均匀，先浇上层，然后依次往下进行。浇水量以苗盘内基质湿润、苗盘下又不大量滴水为度。同时还要浇湿车间地面，以保持室内空气相对湿度 85％左右。另外，应注意生长前期少浇水，生长中后期适当加大浇水量，避免"浇而不透"。

（5）病虫害防治。籽（种）芽菜栽培过程中较少发生病虫害，但是为了保证产品达到绿色食品标准，必须针对病虫发生原因，采用控制温、湿度，通风和清洁环境等生态防病以及物理防治等手段，尽量避免使用化学农药。

（6）促进芽苗整齐的管理。应尽量减少催芽室和栽培室温度的垂直温差和水平温差。通过调节移动式栽培架的位置以及人工捯盘，消除温差的影响。管理上应注意播种均匀，播种后叠盘时要轻拿轻放，避免磕碰苗盘；叠盘地点（或架）必须平整，上下苗盘一定要摆正扣严；喷淋浇水必须均匀，此外要勤捯盘，经常调换上下、左右、前后的位置也有助于消除局部小环境差异所造成的影响。

（7）延迟芽苗老化的管理。一般在干旱情况下比水分适宜时容易形成纤维；高温比适宜温度时纤维形成快；强光下比弱光下纤维形成快；产品形成期越长，纤维形成越多。因此，为保持芽苗柔嫩，在栽培管理上必须严格按操作规程进行浇水喷淋及调控温度和光照，避免出现水分不足、高温强光或长期低温等不利因素。

5. 产品的采收与销售　产品采收芽苗菜上市标准见表 5-12。为提高产品的鲜活程度、延长货架期，必须及时进行采收，并尽量缩短和简化产品运输、流通时间和环节。目前，生产上多采取整盘集装运输、整盘活体销售和剪割采收、小包装上市；前者多供应宾馆、饭店、食堂，后者多进入菜市场或超市。

表 5-12　几种籽芽菜产品收获标准

芽苗菜种类	产量（克/盘）	整盘活体销售标准	剪割采收标准
龙须豌豆苗	300～350	芽苗浅黄绿或绿色，高 10～15 厘米，整齐，顶部复叶开始展开或充分展开，无烂根烂脖，无异味，茎端 8～10 厘米柔嫩未纤维化	从芽苗梢部 7～8 厘米处剪断，采用 18.5 厘米×12 厘米×3.5 厘米的透明塑料盒做包装容器，每盒装 100 克；用保鲜膜封严或采用 16 厘米×27 厘米的封口袋上市，每袋装 300～400 克
紫芽香椿	400～450	芽苗嫩绿色，高 7～10 厘米，整齐，子叶平展，充分肥大，心叶未出，无烂种、烂根，香味浓郁	带根拔起，采用上述塑料盒包装上市或者切块活体上市
娃娃缨萝卜芽	500～600	芽苗翠绿，高 6～10 厘米，整齐子叶平展，充分肥大，无烂种烂根，无异味	带根拔起，采用上述塑料盒包装上市或者切块活体上市
芦丁苦荞苗	400～500	芽苗子叶绿色，下胚轴红色，高 10～12 厘米，整齐子叶平展，充分肥大，无烂种烂根，无异味	从梢部 9～11 厘米处剪割包装上市
绿芽苜蓿	200～250	芽苗子叶绿色，下胚轴白色，高 3～5 厘米，整齐，子叶平展，充分肥大，无烂种烂根，无异味	切块活体装盒上市或者带根拔起装盒上市
双维藤菜苗	400～450	芽苗绿色或浓绿，下胚轴白色，苗高 10～12 厘米，整齐，子叶"V"形，充分肥大，无烂种烂根，无异味	
鱼尾赤豆苗	250～300	幼苗浅黄绿色，高 15～18 厘米，整齐，顶部第一对真叶呈鱼尾状，尚未完全展开，无烂种烂根，无异味，茎端 7～8 厘米柔嫩未纤维化	从芽苗梢部 7～8 厘米处剪割，采用塑料盒或封口袋包装上市
长生果芽	2 000～2 250	种皮为脱落，子叶未张开，下胚轴 1～1.5 厘米，胚根长效与 3 厘米，无侧根，白色，无霉烂，无异味	采用塑料盒或封口袋包装上市

小知识

毒豆芽的危害

　　毒豆芽是指用无根剂、增粗剂、增白剂等植物生长调节剂处理生产的豆芽，人们若长期食用这样的豆芽，会破坏人体中蛋白质、维生素和矿物营养等，同时还会影响人体激素的平衡，对健康造成较大影响。

思考与训练

1. 籽芽菜生产如何进行播种催芽？

2. 哪些芽菜生产适合用一段式，哪些芽菜生产适合用二段式？

3. 龙须豌豆苗采收上市的标准有哪些？

4. 延迟芽苗菜纤维化衰老有哪些措施？

5. 芽苗菜生产对温湿度有什么要求？

第六节　特种蔬菜设施栽培

一、樱桃番茄设施栽培

（一）环境要求

　　樱桃番茄为喜温作物，种子发芽适温为 20～30℃，植株生长适宜温度为白天 25～30℃，夜间 12～18℃；开花结果适宜温度为白天 22～28℃，夜间 10～18℃。蓓蕾低于 15℃时不开裂，易落花；高于 35℃时失去生活能力，最适日照时间为 16 小时。

（二）茬口安排

　　春季大棚，1 月下旬播种，3 月下旬定植，5 月底至 9 月底收获；春季温室，12 月上中旬播种，2 月上中旬定植，4 月下旬至 7 月下旬收获；夏季温室，2 月下旬播种，4 月中下旬定植，6 月下旬至 10 月下旬收获，夏季中午加遮阳网进行遮阳；秋、冬季温室，7 月中旬播种，9 月上旬定植，11 月中旬至翌年 4 月底收获，冬季采取加温措施。

（三）选用良种

　　适合河北省种植的品种有红太阳、圣女、龙女、碧娇、鬼孤子及亚蔬 6 号皇妃、京丹系列等品种。

（四）培育壮苗

壮苗标准一般苗龄 25～70 天，苗高 15 厘米左右，具有 5～7 片叶，茎秆粗壮，节间短，根系发达，叶色浓绿。

采用穴盘育苗方式培育壮苗参考第四章第一节育苗部分。

（五）施肥与定植

每亩施有机肥 3 000 千克，宽 1.5～1.8 米，定植平均行距 75～90 厘米、株距 30～40 厘米，亩栽苗 1 800～3 000 株。

（六）田间管理

1. 整枝、吊蔓、落秧整枝 采用双干整枝法，用竹竿搭架，用绳吊蔓固定植株，一般在定植 15 天左右进行，将侧枝及时去掉。当秧苗长到顶端时落秧，使植株呈 45°角斜向生长。

2. 浇水 前期不宜浇水过多，开花结果期采取小水勤浇，不可大水漫灌，控制棚内湿度。

3. 施肥 第 1 穗果膨大时开始追肥，以后每 10～20 天追肥 1 次，每亩施腐熟鸡粪 100 千克或氮磷钾三元素复合肥 15 千克，每隔 10 天左右叶片喷施一次 0.2%磷酸二氢钾溶液。

（七）采收

樱桃番茄四季栽培，收获时间根据播种时间视果实成熟情况采收上市。

> **案例**
> 河北邯郸富诚合作社塑料大棚栽培早春茬樱桃番茄，品种选择"皇妃"，亩定植 2 500 株左右，产量可达 2 500～3 000 千克，市场平均售价约 15～16 元/千克，产值达 40 000 元左右，效益可观。

二、樱桃萝卜设施栽培

（一）栽培季节

樱桃萝卜的生长适宜温度范围为 5～25℃，既可露地栽培，也可用塑料大棚、温室等保护地栽培。露地栽培一般在春、秋季节。春季一般在 3 月中旬至 5 月上旬陆续播种，秋季一般在 8 月上旬至 9 月下旬陆续播种。春、秋、冬季保护地栽培在 10 月上旬至翌年的 3 月上旬。若夏季栽培，应在海拔较高的冷凉地带栽培。

（二）品种选择

常用的优良品种有美樱桃萝卜、法国 18 天早熟樱桃萝卜、法国巴黎白尾半长樱桃萝卜、玫瑰红白尾樱桃萝卜、北京四缨萝卜、蒙迪（39-101）等。

（三）整地施肥

樱桃萝卜对土壤的适应性较强，但以土质疏松、肥沃、排水良好、保水保肥的沙壤土最佳。因此，在整地时深耕、晒土、平整、细耙，肥土混合均匀。由于樱桃萝卜的生育期较短，肉质根较小，对肥料的种类及数量要求不太严格，以基肥为主。一般采用小平畦栽培，畦宽 1 米；也可采用小高垄栽培，垄高以 10 厘米左右为宜。

（四）播种

种子发芽适温为 20～25℃，在播种时应注意土壤水分和气温，若土壤干燥，应先浇水再播种，若温度过高或过低，应及时遮阳或盖棚。樱桃萝卜一般采用条播方式，株距 3 厘米左右，行距 10 厘米左右，播种深度 1.5～2 厘米。

（五）田间管理

1. 间苗　樱桃萝卜种植过密，会导致光照不足，叶柄变长，叶色淡，长势弱，下部的叶片黄化脱落，所以在植株具有 2～3 片真叶时间苗，以保证合适的株距。

2. 肥水管理　在樱桃萝卜生长期间要保持田间土壤湿润，以达到田间持水量的 70%～80% 为宜，不可过干或过湿，浇水要均衡。若土壤水分不足，不仅肉质根瘦小，还会造成须根增加、外皮粗糙、味辣、空心，影响产量及品质。水分过多或忽干忽湿，易造成肉质根开裂。施好基肥，后期一般不施肥，若幼苗长势不良，有缺肥症状，可随水冲施少量速效氮肥。

（六）收获

樱桃萝卜的生育期一般为 30 天左右，当肉质根美观鲜艳、直径达到 2～3 厘米时即可收获。收获过早，会影响产量；过迟，会导致纤维增多，且易产生糠心、裂根，影响其品质和商业价值。

三、抱子甘蓝设施栽培

（一）对环境条件的要求

抱子甘蓝喜冷凉，耐霜冻、不耐高温，生长发育适温为 12～20℃，种子发芽适温 18～22℃，幼苗能忍受 −15℃ 低温和 35℃ 高温。结球期适温为 10～13℃，高于 23℃ 不利于叶球形成，但也有较耐高温的品种。

抱子甘蓝小叶球形成需气候冷凉、阳光充足、较短日照和适当的肥水条件。在秋季冷凉条件下，白天阳光充足，傍晚有轻霜冻，抱子甘蓝品质最好。在高温下抱子甘蓝的小叶球易腐烂，会开裂，品质变劣。

抱子甘蓝对土壤适应性广，适宜在土层深厚、有机质丰富、pH 6.0～6.8 的沙壤土或黏土栽培。抱子甘蓝不耐干旱，需经常洒水保持土壤湿润，但不能积水。

抱子甘蓝为长日照植物，幼苗经过低温春化后，在长日照下可开花结籽。

（二）类型与品种

抱子甘蓝根据茎的高矮分为高、矮两种类型。矮的茎高 50 厘米左右，较早熟，其叶腋处着生的小球比较密集；高的茎高 100 厘米以上。按叶球大小可分为大抱子甘蓝和小抱子甘蓝两种。大抱子甘蓝小叶球直径大于 4 厘米，产量较高，品质较差。小抱子甘蓝小叶球直径 2～4 厘米，产量稍低，品质较好。目前栽培的品种有以下几种。

1. 早生子持　从日本引入早熟种，定植后 90 天左右采收。植株前期生长旺盛，节间较短，株高 50～60 厘米。叶球较小，直径 2～2.5 厘米。较耐高温，在 25℃ 以下的温度条件下形成叶球。

2. 吉斯暨卢　株高 85 厘米以下，早熟种，定植后 90 天左右采收。叶球抱合紧实而整齐，叶球直径 3～3.5 厘米，耐运输，可冷藏。

3. 增田子持　从日本引入，中熟种，定植后 120 天开始采收。植株生长旺盛，节间稍长，株高 100 厘米左右。叶球中等大小，直径 3 厘米左右。不耐高温，宜秋播，冷凉时结球。

4. 斯马谢　从荷兰引入晚熟种，定植后 120～130 天收获。植株中等，叶球中等、深绿色、紧实整齐，耐贮藏、耐寒力强。

（三）栽培季节与方式

1. 秋大棚栽培　播期可提前至 6 月上旬，7 月中旬定植。进入 10 月后，下部芽球开始形成，注意放风。在 10 月中旬植株有 60 片叶以上时摘心。

2. 秋冬季日光温室栽培　播种期从 7—10 月均可进行，选早熟或中熟品种。应在植株 80 片叶以上时摘心。

3. 二次假植栽培　10 月下旬假植于大棚、改良阳畦或日光温室中，后可逐次收获。每株可收获芽球 40～80 个芽球。北京地区假植应在立冬前完成，要带土坨。用铁锹开沟假植，行距 50 厘米，株距 30 厘米，每亩假植 4 000 株，在大棚内假植的，冬季棚内要进行二层覆盖。

（四）设施栽培技术

1. 育苗　抱子甘蓝一般采用育苗移栽。在 6—7 月播种，采用穴盘育苗方式，一般苗龄 30～35 天。

2. 整地　抱子甘蓝宜选用沙壤土或黏壤土，定植前每亩施腐熟有机肥

2 000～3 000千克、磷肥 20 千克作基肥。翻耕，作成宽 1.2 米的高畦。

3. 定植 当幼苗具有 5～6 片真叶时定植，株行距为（50～70）厘米×70 厘米，根据品种特性，矮生种可密些，高生种可稀些。每亩种植2 000～3 000株。

4. 肥水管理 定植后浇足定根水，5～7 天后浇缓苗水。茎叶生长期经常灌溉，保持土壤湿润。雨后注意排水。结球期适当浇水，注意湿度不能太大。定植 15 天，缓苗后追施第一次化肥，亩施尿素或复合肥 10 千克，以利于植株恢复生长。莲座叶期追施第二次化肥，亩施复合肥 15 千克，促进植株营养生长。结球期追施第三次化肥，亩施复合肥 20 千克，促进叶球的发育和膨大。第四次在叶球采收期进行，亩施复合肥 20 千克。因为每株有 25～40 个叶球，当下部叶球陆续采收后，上部叶球不断形成，需要养分和水分供应，此时追肥有利于提高产量。生长期间结合中耕进行培土，防止植株倒伏。

5. 植株调整 抱子甘蓝植株比较高大，叶数多，每个腋芽都能形成叶球，特别是高生中熟种，生长势强，易形成头重脚轻，造成倒伏，一旦植株长到 40 厘米高时，根据品种不同选择适宜长度的竹竿插直立架，上部用绳扎绑好，防止倒伏。

植株基部结球不良的腋芽及病叶要及时摘除，减少养分消耗，有利于通风透光。叶球发育膨大时，叶柄会压迫叶球，使叶球形状不正，影响外观，因此在叶球膨大后除保留上部的新叶外，要自下而上逐渐剪去老叶。

当叶腋间的小叶球基本形成以后，将植株的顶芽摘除，促进叶腋间的小球迅速膨大，总产增加。

（五）采收

早熟品种定植后 90～110 天收获，中熟种需 120 天左右，晚熟品种需 120～150 天收获，收获期可长达 2～3 个月。抱子甘蓝在生长过程中，沿着茎自下而上陆续形成小叶球，下部的叶球先成熟，所以采收要自下而上陆续多次采收。一般当球长到 2.5～3.8 厘米时，开始采收。采收不能太晚，否则叶球开裂，质地变硬，失去风味。每株可采收小叶球 40 个以上，重约 1～1.5 千克。

采收的方法是用刀沿茎将小球割下。高品质的抱子甘蓝应具备以下特点：芽球紧实，外观发亮，颜色鲜绿为。抱子甘蓝很容易腐烂，采收后要很快预冷，然后分级包装上市。抱子甘蓝在 0℃左右，湿度 95%～98% 条件下可贮藏 6～8 周。

四、紫甘蓝设施栽培

紫甘蓝为耐寒性蔬菜。种子发芽适温为 15～20℃，外叶生长最适温度 20～25℃温，幼苗能忍受零下 4～5℃低温和 35℃高温。结球适温为 15～20℃，25℃以上高温结球疏松，品质、产量下降。紫甘蓝较为耐旱，不耐渍，雨涝排水不良，根系变黑腐烂，植株易感黑腐病或软腐病。

（一）品种选择

选择适应性强、抗热性较强的品种，如：紫甘蓝 1 号、红亩、早红 1 号、巨石红等。

（二）栽培季节和茬口

1. 大、中、小拱棚春早熟栽培　华北地区，12 月下旬在日光温室播种育苗，翌年 2 月下旬定植，5 月上中旬收获。

2. 简易日光温室和带草苫中小棚栽培　华北地区，11 月下旬在简易日光温室播种育苗，翌年 1 月中下旬定植，4 月收获。

（三）培育壮苗

采用穴盘育苗，苗龄 30～35 天（参考第四章第一节穴盘育苗部分）。

（四）定植及管理

1. 定植　定植前施足基肥，一般每亩施腐熟的土杂肥、堆肥、猪粪等有机肥 2 000～3 000 千克，加过磷酸钙 20～30 千克、草木灰 150 千克或硫酸钾 10 千克，与土壤耕耙均匀后整地做畦。可做 1～1.2 米宽平畦，定植密度根据土壤肥力和品种而定，一般株行距为 30 厘米×40 厘米、40 厘米×50 厘米或 50 厘米×60 厘米。

2. 肥水管理　定植后浇缓苗水，在开始结球前少浇水，浇小水。缓苗后 15 天，结合浇水进行第 1 次追肥，每亩施尿素 10～15 千克。第 2 次追肥于莲座叶封垄前、球叶开始抱合时，每亩施尿素 10～15 千克、硫酸钾肥 5 千克。第 3 次在结球期，每亩施尿素 20 千克、硫酸钾 10 千克、磷肥 10 千克，随即浇水。结球期保持土壤湿润。浇水应选晴暖天气，阴天不宜浇水以保持地面湿润为准，地面见干就要浇水，收获前不要肥水过大，以免裂球。

3. 中耕除草　蹲苗期早熟品种要中耕 2 次，中熟品种 3 次。第 1 次中耕宜深，进入莲座期中耕宜浅，并向根部培土，促生根，防倒伏。及时清除杂草，以免影响甘蓝生长和滋生病虫。

（五）采收

甘蓝进入结球末期后，当叶球包合达到相当紧时，或达到加工销售要求时，即可收获。收获标准是叶球充分紧实，切去根蒂，去掉外叶、损伤叶，做到叶球干净，不带泥土。有病的叶球和腐烂有污染物的叶球不能上市。

五、羽衣甘蓝设施栽培

（一）对环境条件要求

羽衣甘蓝喜冷凉，生长适宜温度为 5～20℃，高度耐寒，喜富含腐殖质的土壤，极好肥，对土壤的要求不严，抗性强。幼苗必须经过一定的低温才能形成良好的球状株型。内叶的着色也需要一定的低温条件。12月至翌年2月气温低时叶色更美。

（二）茬口安排

春保护地，12月至翌年2月播种，1—3月定植，3月初至6月收获；秋保护地，8—9月播种，9—10月定植，10月—翌年5月收获。

（三）培育壮苗

采用穴盘育苗方式，幼苗5～6片真叶栽苗（参考第四章第一节穴盘育苗部分）。

（四）整地、施肥和定植

因需肥大加之采收期长，需施足底肥，每亩施用腐熟细碎有机肥2 000千克以上，与土壤掺均，深耕细整，提高整地质量，做成宽1.2米的平畦或高畦（适宜黏重的土壤），每畦定植2行，平均株距40厘米，行距60厘米，每亩2 800株左右。

（五）定植后的管理

1. 中耕松土　缓苗后中耕松土2～3次，以提高地温，促进根系生长。

2. 浇水　前期适宜少浇水，使土壤见湿见干。10片叶左右浇水次数增多，经常保持土壤湿润，以小水勤浇为好，有条件最好安装滴灌设施。

3. 追肥　采收期间每隔20天左右追肥一次，每亩施磷酸二铵10千克。间隔10～15天喷施一次0.5％尿素和0.2％～0.3％磷酸二氢钾，共喷3～4次。

4. 调节温度　冬季做好保温防寒，夏季采取多种措施降低温度，使之在适宜温度下生长。

5. 通风遮光　保护地栽培早晨拉苫后要及时通风换气，以增加室内二氧化碳浓度，最好采取人工二氧化碳施肥措施，使浓度达到800～1 000毫升/升，以增加光合作用强度。夏季12：00—13：00要加盖遮阳网以降低棚温，减少光照。

（六）采收

定植后20～30天，基叶长到10～12片时开始陆续采收中心部位嫩叶，每次采收1～3片嫩叶。

六、香椿设施栽培

（一）优良品种简介

1. 红香椿　芽子初生为棕红色，以后除芽蔓顶端1/4～1/3部分保留红色外，其余渐变绿色。其芽蔓粗壮、嫩叶鲜亮、生长速度快、香味浓郁，是优良的菜用树种；在日光温室里栽培表现耐低温、较早熟，适合冬季栽培。

2. 红芽绿 嫩芽深棕色，很快转绿，但顶端 1/4～1/3 部分始终保持棕色。发芽较早、芽蔓粗壮、产量高。但香味较淡，品质不如红香椿，可作为日光温室早熟栽培。

3. 褐色椿 嫩芽褐红色，展叶后呈褐绿色。芽肥壮，叶厚而大，芽薹粗壮而香味浓郁，品质优良，适于日光温室矮化密植栽培；喜肥水、不耐旱、不耐冻。

4. 薹椿 幼芽质嫩如菜薹，香味浓、品质好、产量高，也是日光温室栽培的优良品种。

5. 黑油椿 生长势强，枝条粗壮。嫩芽初放时呈紫红色，嫩叶有光泽，叶面有皱纹。质地脆嫩、香味特浓、品质好。芽长到 10 厘米长即可以采收。

（二）苗木的培育

香椿可以采用留根和断根、根段扦插、枝条扦插等无性繁殖，但生产中主要用种子育苗的有性繁殖方法。

1. 选取优质种子 优质种子必须是上一年新采的饱满、颜色新鲜、净度 98％以上、发芽率 80％以上的种子。一般亩播量 2～3 千克，（每千克种 10 万～12 万粒）。为保险起见，最好先作发芽试验。

2. 选好苗圃地 香椿属于浅根性树种，对水肥和光照条件要求较高。所以，育苗时要选择土质疏松肥沃、背风向阳、光照充足、排水良好且充分熟化的地块。但是，上一年种植黄瓜、西瓜、番茄、棉花的地块一般不宜用来育香椿苗。苗圃地一般要亩施优质农家肥 5 000 千克以上、磷肥 200 千克，深翻 30 厘米左右，耙细耧平后，按 1 米宽作畦。

3. 浸种催芽 香椿种子粒小，每亩条播用种量 2.5 千克，撒播用种量 4 千克。播前要浸种催芽，经过浸种催芽的种子比干籽早出苗 5～10 天。方法是：先要揉搓除去种子上带的翅翼，将种子倒入 40～50℃温水中，不停搅拌至水温降到 25℃左右，继续浸 12 小时左右。捞出种子控去多余的水分，放到干净的瓦盆中，或摊到能淋水的苇席或竹蓙上，种子的厚度都不宜超过 3 厘米。种子上覆盖透气而又洁净的湿布（种子摊厚了或覆盖物不透气，都可能引起种子腐烂），而后放到 20～25℃的环境下催芽。在催芽过程中，每天要将种子翻动 1～2 遍，用 25℃左右的温水冲洗 1～2 遍，冲洗后也必须控去多余的水分。当有 20％～30％的种子萌动冒芽时，把种子与 2～3 倍的细湿沙搅拌均匀，随后播种。也可以干籽直播，时间在雨季进行。

4. 适时早播 香椿种子的发芽适温是 18℃左右，日平均气温达 15℃即可开始播种。适期早播不仅有利于防止种子由于贮藏期长而降低发芽率，还可省去苗期遮阳，可保证有充裕的时间培育壮苗大苗。

5. 播种方法 香椿播种育苗有条播和撒播两种方式。条播可通过间苗、定苗一次播种育成苗；撒播要分苗移栽，育苗面积不大时可采用此法，分苗时再扩大面积。

（1）条播。播种前浇足底水（切不可先播种后浇蒙头水，不然会影响发芽率），待地皮发干可进行播种作业。每亩地用 25％多菌灵可湿性粉剂 3 千克，硫酸亚铁 10 千克，与细土混匀后均匀撒到畦面，进行土壤消毒。用锄松土后耧平，在 1 米宽的畦内按 30 厘米行距开沟，沟宽 5～6 厘米，沟深 2～3 厘米，趁墒把混沙的种子顺沟均匀撒播，保持每 3 厘米左右有 1 粒种子，控制到每平方米有苗 25～30 株，每亩 1.5 万株左右。播后覆细土 1 厘米，顺沟扫平即可。播后在畦面覆盖地膜，有利于保湿提温，当一半以上种子出苗时及时撤出地膜提防高温伤害。

（2）撒播整地和土壤消毒。同条播，播前将畦内土起出部分后耧平，而后将种子均匀撒播畦面，覆土 1 厘米厚。

（3）保护地育苗。在寒冷地区，或为了培育大苗，有的在日光温室或塑料棚里进行播种育苗，开始撒播培育子苗、而后移入塑料营养钵里培育成苗，待到外界温度条件允许时再移植到田间。

6. 播种后的管理

（1）发芽期的管理。在适播期和无地膜覆盖的情况下，播后 7～10 天左右种子开始发芽出土，约 15 天左右可齐苗。只浸种不催芽需 15～20 天。雨季干籽播种的需 20 天左右出齐苗。发芽期管理的关键是防止缺水和灌水后造成的土壤板结。如果土壤缺水，会出现种子"回芽"现象。灌大水造成的土壤板结会使芽子无力出土而死亡。同时，水大还可能冲起种子，降低地温，容易引起烂籽。覆盖地膜的苗床，在种子拱土时割膜放苗。方法是按苗幅宽割下一条膜，把留在行间的膜条用土封压住，形成条状开口放苗更为有利，或者把膜彻底去掉。

（2）幼苗期管理

①灌水和松土除草。当苗高 6～7 厘米，长有 2～3 片叶时要灌一次水，适时中耕除草，并培土 0.5 厘米厚，以稳苗和促进不定根的发生。

②叶面喷肥。小苗长出 2～3 片真叶时，用尿素 100～200 倍液进行叶面喷洒，也可顺水冲入粪稀，以促进叶片生长。

③定苗和移苗。当苗长有 4～5 片真叶、茎高 10 厘米左右时定苗间苗。定苗前先在畦内浇水，本着留强去弱的原则间苗定苗。为温室培育矮化植株时，留苗

宜稀些，株距以 20 厘米为宜，每亩留苗 1 万～1.2 万株。培育二年生大苗时，株距须达到 30～35 厘米，每亩留苗 4 000～4 500 株。把需要间下的小苗用小铲带土挖起，另选地块移栽，及时浇水，促进成活。由于经过定苗留下的苗子不如移栽的苗根系发达，所以，目前培育香椿苗时，一般提倡用移栽的方法。移栽的株行距是（25～30）厘米×30 厘米，亩产苗 0.6 万～0.8 万株。移栽时，在近地面处平茬有利于提高成活率。为防止打蔫，移栽宜在阴天和傍晚进行。为了提高成活率，移栽时可以使用 800～1 000 毫升/千克 ATP 生根粉浸根 1 小时，效果良好。

（3）苗木的中后期管理

①松土除草和灌水。从定苗或移栽到 8 月中旬，要经常做好中耕除草和灌水，做到地面无杂草、不板结、土壤不缺水，遇有积水要及时排除。8 月下旬以后，为了促进苗木加速木质化，一般不再浇水。

②施肥移栽或定苗后，除叶面喷氮素化肥之外，应把肥料集中用到苗木的速生期。华北地区，在 6 月中下旬至 8 月上中旬是当年播种苗的速生期。这一时期是促苗长壮的关键，以追施速效氮肥为主，并适量补充磷、钾肥。8 月下旬停用氮肥，侧重追施磷钾肥，结合叶面喷施 0.2%～0.3%磷酸二氢钾溶液，以加速苗木木质化，并形成饱满的顶芽。

③适时防治病虫害。香椿病虫害较轻，一般在小苗期每 10～15 天喷施一次 25%多菌灵可湿性粉剂 200 倍液，或灌根预防根腐病。

④苗木的矮化处理。温室栽培的香椿经过矮化处理，苗木增高生长受到抑制，加粗生长得到加强，容易培育出枝干紧凑矮壮的植株。同时，这样的植株容易形成较多的侧枝和饱满的顶芽，使得在栽培相同密度下，总枝头数明显的增多，有利于提高产量。5 月下旬至 6 月间进行环剥，可在预定的树枝上剥去 1 圈宽 1.5～2 厘米的树皮，不伤木质部即可。6 月下旬至 7 月上旬，当苗木高 30～40 厘米时，用锋利的铁锹铲断苗木地下 30 厘米以下的主根，用多效唑 200～400 倍液处理苗木。

⑤假植。香椿不耐霜冻，受冻后会造成顶芽和枝干枯死，皮层冻坏，苗圃里的苗木必须按时出圃。一般认为当地初霜到来之前，当苗木落叶养分大部分回流到茎和芽里就要抓紧起苗。河北省中南部及周围地区在 10 月底至 11 月初进行。各地可根据当地气候条件和当年的天气预报来确定，原则是要确保苗木不受冻。为了防止突然降温来不及刨取苗子而受冻，可以在 10 月下旬喷 700～800 毫克/千克的乙烯，以加速养分的回流，加快脱叶。起苗时要尽量多留根，一般要求根长保持在 20 厘米以上。香椿苗落叶后一般还有 15 天左右的自然休眠期，假植到

温室以前必须人工处理使其完成自然休眠。

小知识

香椿打破休眠方法

选背风向阳处挖一条深 0.5 米，宽 1～1.5 米的假植沟，挖苗时留根 20 厘米左右。将苗木稍加整理后，头朝东或南斜着摆到沟里，根部培土并浇上水，气温骤低时，还可用柴草覆盖，避免冻害。经过 15～20 天 10℃ 以下的自然低温，休眠基本结束，即可假植到温室地段。不经处理或处理不好的苗木扣膜后虽然芽子可以萌发，但因其养分不足，常表现为芽头短而叶长，产品纤维多、香味淡、有苦涩味、品质差。

（三）日光温室密植囤栽技术

利用温室冬季进行香椿生产目前有 4 种形式：一是冬季只生产一茬香椿，而后撤膜休闲，苗木转移到露地继续培养；二是香椿生产结束后，将香椿苗平茬移到露地培养，腾出的温室定植番茄、辣椒、茄子等；三是香椿生产时预留出一定的行间，以套种黄瓜、番茄等，实行间作生产；四是利用温室里的边角闲散地，例如，利用温室进口处二端温度较低的一段或长后坡下栽植香椿。由于栽植香椿耗用的苗木多，除专业化生产区，一般地方多采用这种在温室边角插空生产的方式。下面是以温室囤栽为主介绍有关的生产技术。

1. 施肥整地 日光温室栽植香椿也需要施足底肥，每亩优质农家肥 5 000 千克，过磷酸钙 100 千克。

2. 囤栽 温室栽培香椿主要是靠密植大群体来求取产量的。就地育苗就地建棚室扣膜进行生产时，往往密度相差甚远，产量低。温室里栽培香椿，一般都须从苗圃掘取苗木在温室里假植。当地日平均气温降到 3～5℃ 时入室，在冀中南及相邻地区在 11 月中下旬。当年生苗木 100～150 株/米^2；多年生苗木 80～120 株/米^2。栽植时南北向挖 30 厘米深左右的沟，沟距 20 厘米左右，株距 4～5 厘米。然后依计划栽植的密度确定株距。栽前要对苗子进行调整，为了适应温室前坡下不同位置的高度，宜掌握矮苗在前，高苗在后，中等的居中。同时相隔 1.5 米左右要留一个宽行作成大畦埂，以便于浇水，同时用于行走通道。栽时要保持根系舒展，但可以重叠交叉，用下一行开沟取出的土进行覆土。栽后浇透水，在自然条件下经过 10 多天，使其完成自然休眠后扣膜。苗木不足时，也可把遭受轻度冻害的苗木剪去枯死部分利用起来。寒潮来临前 5～10 天进入温室定植。

3. 囤栽后的管理

（1）温度调节。定植3～5天后寒潮到来前封膜，室温逐渐升高，初期白天保持15～22℃，夜间10℃左右，经40～50天萌芽。萌芽后白天温度18～24℃，夜间13～15℃。椿芽着色温度为22℃以上，温度超过28℃时，晴天中午放风2～3小时。12月中下旬，如椿芽还未萌动，或室内最低温降到4～5℃时，用火炉生火提温。扣膜后10～15天是缓苗期，由于温室扣膜晚，地温很低。因此，扣膜后应着力提高气温，白天掌握在30℃左右，以气温促地温，逐渐使地温得到恢复，为发根和根系的活动创造条件。经过一个多月自然光温的积累，芽开始萌动后，白天温度控制在15～25℃，夜间10℃，不要低于5℃。采芽期气温白天18～25℃最好，温度低时芽子长的慢。

（2）湿度调节。囤栽的苗木，由于出圃时根系受到了严重损伤，吸收能力差，因而初期宜保持较高的土壤湿度和空气湿度。假植后要浇透水，以后视情况浇小水。栽后10～15天时和每次采收前3～5天给苗木喷水，空气干燥时向空中喷水，空气相对湿度保持60%～70%。如果假植后没有浇水，晴天的中午还须向苗木上喷清水，以防苗木失水干枯，香椿芽萌芽后，空气宜干燥些，相对湿度以70%左右为好。湿度过大发芽迟缓、风味降低。空气湿度可通过浇水、减少地面水分蒸发和放风排湿等来调控。

（3）光照调节。香椿生长期间以保持20 000～30 000勒克斯的光照较好，在这样的光照条件下，椿芽茎和复叶都能呈现红褐色，外观美，品质好。严冬季节光照强度差，加上棚膜污染、露水附着和薄膜老化等原因，光照往往不足，应尽量选用无滴膜。立春后光照过强时可适当遮阳。

（4）追肥。收第一茬香椿后追肥，以后每收一次，浇一次稀肥水或喷肥。营养不足时，椿芽变细长，发黄，单芽重量下降。

4. 温室里插空生产香椿芽技术 在温室里只占一小部分地方假植香椿的时候，温室里必然种有其他的主栽作物，此时香椿的生产就不能完全按其自身的要求来进行了，譬如香椿就不能先假植而后扣膜了，假植后不可能再继续完成休眠。所以苗木在室外囤放的时间要达到25～30天，其次是温室的温湿度和光照一般只能按主栽作物来调节。所以，在安排香椿与其他作物同室生产时，这些问题都需要事先考虑好。

5. 采芽与包装

（1）适时采芽。扣膜后40～50天，当椿芽长到15～20厘米（有的品种可能要求采收的早一些），且色泽良好时，即可采收。芽子过短产量低，过长品质差。采芽宜在早晚或遮光下进行，以防打蔫；采下的芽子捆把后立在浅水盆中浸泡

12 小时，也可以防止萎蔫。采芽时可根据不同部位的芽子采取不同的采法，头茬芽，即着生在枝头顶端的芽一般呈玉兰花状，柄端基部有托叶，品质和色泽最佳，为椿芽中的上品。这种芽宜在 12～15 厘米时采收，要整个掰下。二茬芽为侧芽、隐芽受刺激后萌发出来的，这茬芽可待其长到 20 厘米左右再采收，采收时不要整芽掰下，而要在基部留 2～3 个叶，到了后期要留下 1/4 的芽不采，以制造养分辅助恢复树势。采芽用手掰时不易掌握，时有伤及枝芽的情况，最好用刀或剪子采取。温室里香椿芽萌发比较一致时，每隔 7～10 天可采一次，共采 4～5 次。但是，多数由于芽子萌发不一致，一般须 4～5 天采一次，香椿芽采收的重点是在一、二茬芽上，头茬芽约占总产量的 1/3，第三茬以后的芽子产量低且品质风味也明显下降。每茬芽子采前 2～3 天要进行叶面喷肥，开始采芽后 10 多天追肥浇水一次，每次亩用硝酸铵 20 千克。椿芽的产量会因苗木质量、假植密度、芽的数量和饱满程度以及温室环境调控等情况有关，一般每平方米的平均产量在 500～750 克，高者可达 3 000～4 000 克。

（2）精心包装。香椿芽在春节前后开始上市，属蔬菜中的珍品，包装必须讲究。新采下的芽子要仔细整理捆扎和加上精巧的外包装，一般 50～100 克为一把，每袋 1～2 把。用塑料袋包装要适当扎几个洞，既防止水分较多的蒸发，又可保持一定的呼吸强度。如采后不能或不急于上市，可在室（窖）内的木架上单摆一层（切忌堆放），室（窖）内保持 0～10℃，有效存放期 10 天左右。

6. 适时转入露地再次培育　清明后，顶芽和上部侧芽全部采完，苗木中积累的养分已大量消耗，外界的气温已升到可基本满足香椿生长的要求，此时露地的香椿已经开始上市，应将温室里面的苗木平茬移栽到露地。平茬时，当年苗留茬高 10 厘米，2～3 年苗留茬高 15～25 厘米。移栽前要大放风炼苗 3 天，移栽时，按每亩 6 000 株（40 厘米×25 厘米）的密度定植。定植后要浇足底水，搞好中耕。隐芽萌发后，选留其中一个壮芽，培养成下一年用苗的苗干，其余全部掰掉。及时追肥浇水，防病治虫，矮化处理，培育出优良健壮的苗木，为下一年生产做好准备。

▼
小知识

香椿蛋

香椿蛋是香椿萌芽时，在其芽体上套上一个空蛋壳，待椿芽长满蛋壳变得坚实时采下，剥去蛋壳即为"香椿蛋"。其色泽娇黄，脆嫩多汁，营养丰富，味美可口，是市场上消费的高档食品，也是菜农致富的一项新措施。

思考与训练

1. 生产上常用的抱子甘蓝品种有哪些?
2. 香椿育苗如何矮化控制?
3. 香椿囤栽后如何进行温度管理?
4. 紫甘蓝与普通甘蓝在栽培上有哪些区别?
5. 环境对樱桃萝卜生长有哪些影响?

第六章
无土栽培

第一节 无土栽培的类型与分类

一、无土栽培的概念

无土栽培是指不用天然土壤，而用营养液或固体基质加营养液栽培作物的方法。固体基质或营养液代替天然土壤向作物提供良好的水、肥、气、热等根际环境条件，使作物完成整个生命周期。

二、无土栽培的分类

依据栽培床是否使用固体基质材料，分为非固体基质栽培和固体基质栽培两大类，然后再根据栽培技术、设施结构和固定植株根系的材料进行分类。

基质培根据基质不同类型分为泥炭、秸秆、椰绒等有机基质为栽培基质的有机基质培和岩棉培、砂培、砾培等无机基质培；也可以根据栽培形式的不同分为槽式基质培、袋式基质培和立体基质培。

固体基质培包括砂培、珍珠岩培、砾培、岩棉培、陶粒培、熏炭培等无机基质培和泥炭培、塑料泡沫培、锯木屑培、秸秆基质培等有机基质培。

非固体基质培即水培，包括营养液膜技术、深液流技术、浮板毛管技术。

第二节 营养液的配制与管理

营养液是将含有植物生长发育所必需的各种营养元素的化合物（含少量提高某些营养元素有效性的辅助材料）按适当的比例溶解于水中配制而成的溶液。无论是何种无土栽培形式，都是主要通过营养液为植物提供养分和水分。无土栽培的成功与否在很大程度上取决于营养液配方和浓度是否合适和营养液管理是否能满足植物不同生长阶段的需求，可以说营养液的配制与管理是无土栽培的基础和关键的核心技术。

一、营养液配制常用的水源

无土栽培的水质要求比国家环保总局颁布的《农田灌溉水质标准》（GB 5084—2021）的要求稍高，与符合卫生规范的饮用水相当（表6-1、表6-2）。

表6-1　饮用水标准

指标名称	标准要求
硬度	＜10度
酸碱度（pH）	5.5～8.5
溶解氧	4～5毫克氧气/升
氯化钠含量	＜200毫克/升
余氯	＜0.01％
悬浮物	＜10毫克/升
重金属及有毒物质含量	＜国家标准
电导率（EC）值	＜0.2毫西门子/厘米

表6-2　饮用水重金属及有毒物质含量规定

名称	标准（毫克/升）	名称	标准（毫克/升）	名称	标准
汞	≤0.005	六六六	≤0.02	锌	≤0.2毫克/升
镉	≤0.01	苯	≤2.50	铁	≤0.5毫克/升
砷	≤0.01	DDT	≤0.02	氟化物	≤3.0毫克/升
硒	≤0.01	铜	≤0.10	酚	≤1.0毫克/升
铅	≤0.05	铬	≤0.05	大肠杆菌	≤1 000个/升

在硬水区从事无土栽培，必须分析水中各种离子的含量，调整营养液配方和pH使之适于进行无土栽培，如个别元素含量过高则应慎用。

如何选用水源，最简单的判断标准是可以饮用的水源均可用来配制营养液，常用的水源包括河水、井水、湖水、雨水、自来水、泉水等。

二、营养液配制用的肥料及辅助物质

(一) 无土栽培常用的肥料

1. 氮肥　主要有硝态氮和铵态氮两种。常用氮源肥料有硝酸钙、硝酸钾、磷酸二氢铵、硫酸铵、氯化铵、硝酸铵等。

2. 磷肥　常用的磷肥有磷酸二氢铵、磷酸二铵、磷酸二氢钾、过磷酸钙等。但磷过多会导致铁和镁的缺乏症。

3. 钾肥　常用的钾肥有硝酸钾、硫酸钾、氯化钾以及磷酸二氢钾等。

4. 钙肥　钙肥一般使用硝酸钙，氯化钙和过磷酸钙也可适当使用。钙在植物体内的移动比较困难，无土栽培时常会发生缺钙症状，应特别注意调整。

5. 硫和微量元素　营养液中使用镁、锌、铜、铁等硫酸盐，可同时解决硫和微量元素的供应。

6. 营养液的铁源　营养液中以螯合铁（有机化合物）作为铁源，效果明显强于无机铁盐和有机酸铁。常用的螯合铁有乙二胺四乙酸一钠铁和二钠铁。螯合铁的用量一般按铁元素重量计，每升营养液用 3～5 毫克。

▼
小知识

螯合剂

也称络合剂，是一类能与金属离子起螯合作用的配位有机化合物。由一个大分子配位体与一个中心金属原子连接所形成的环状结构。例如乙二胺与金属离子的结合物就是一类螯合物，因乙二胺与金属离子结合的结构很像螃蟹用两只螯夹住食物一样，故起名为螯合物。

螯合物比未能螯合的化合物稳定，其在溶液中与金属离子实际呈动态的反应状态，它能使某些在溶液中容易被固定金属离子保持较长时间的有效性。

常见的络合剂有乙二胺四乙酸（EDTA）、二乙酸三胺五乙酸（DTPA）、1,2-环己二胺四乙酸（CDTA）、乙二胺 N, N′-双（邻羟苯基乙酸）（EDDHA）、羟乙基乙二胺三乙酸（HEEDTA）。

(二) 营养液配方

在规定体积的营养液中含有各种必需营养元素的盐类数量称为营养液配方。配方中列出的规定用量，称为这个配方的一个剂量。如果使用时将各种盐类的规定用量都只使用其一半，则称为用某配方的半剂量或 1/2 剂量。在选取营养液配方时，需结合实践经验，对营养液配方进行灵活运用。目前营养液的配方主要有以下几种，供参考应用。

1. 霍格兰德和阿侬通用配方 该配方是世界著名配方，适用于许多植物。配方为：四水硝酸钙 945 毫克/升，硝酸钾 607 毫克/升，磷酸二氢铵 115 毫克/升，七水硫酸镁 493 毫克/升。

2. 园试通用配方 该配方是日本著名配方，一般园艺植物均可使用。配方为：四水硝酸钙 945 毫克/升，硝酸钾 809 毫克/升，磷酸二氢铵 153 毫克/升，七水硫酸镁 493 毫克/升。

3. 山崎配方 日本植物生理学家在园试配方的基础上，根据各种蔬菜作物的营养元素吸收浓度配成的适合不同蔬菜的营养液配方。目前常用的有山崎黄瓜、番茄、甜椒、茄子、叶用莴苣等配方。如山崎黄瓜配方为：四水硝酸钙 826 毫克/升，硝酸钾 607 毫克/升，磷酸二氢铵 115 毫克/升，七水硫酸镁 483 毫克/升。

上述营养液配方都只是大量元素的用量，而不包含微量元素的用量。由于植物对微量元素需求量都很低，除了一些作物对某些微量元素用量有特殊需求外，一般的微量元素用量可采用通用的配方来提供（表 6-3）。

表 6-3　营养液微量元素用量（各配方通用）

肥料名称	用量（毫升）
EDTA 铁钠盐	20～40
硼酸	2.86
硫酸锰	2.13
硫酸铜	0.08
硫酸锌	0.22
钼酸铵	0.02

三、营养液的配制技术

（一）营养液的配制原则

营养液配制的原则是保证配制后和使用过程中营养液都不会产生难溶性化合物沉淀。每一种营养液配方都潜伏着产生难溶性沉淀物质的可能性，这与营养液的组成是分不开的。营养液是否会产生沉淀主要取决于浓度。几乎任何化学平衡的配方在高浓度时都会产生沉淀。实践中常采取以下两种方法避免营养液中产生沉淀：一是对容易产生沉淀的盐类化合物实施分别配制，分罐保存，使用前再稀释、混合；二是向营养液中加酸，降低 pH，使用前再加碱调整。

（二）营养液配制方法

营养液的配制方法有浓缩液（也称母液）和工作液（也称栽培液）二种配制方法。生产上一般用浓缩储备液稀释成工作液，方便配制，如果营养液用量少时也可以直接配制工作液。

1. 浓缩液的配制 配制程序：计算—称量—溶解—分装—保存。

（1）计算。按照要配制的浓缩液的体积和浓缩倍数计算出配方中各种化合物的用量。计算时注意以下几点：

①无土栽培肥料多为工业用品和农用品，常有吸湿水和其他杂质，纯度较低，应按实际纯度对用量进行修正。

②硬水地区应扣除水中所含的 Ca^{2+}、Mg^{2+}。例如，配方中的 Ca^{2+}、Mg^{2+} 分别由 $Ca(NO_3)_2 \cdot 4H_2O$ 和 $MgSO_4 \cdot 7H_2O$ 来提供，实际的 $Ca(NO_3)_2 \cdot 4H_2O$ 和 $MgSO_4 \cdot 7H_2O$ 的用量是配方量减去水中所含的 Ca^{2+}、Mg^{2+} 量。但扣除 Ca^{2+} 后的 $Ca(NO_3)_2 \cdot 4H_2O$ 中氮用量减少了，这部分减少了的氮可用硝酸（HNO_3）来补充，加入的硝酸不仅起到补充氮源的作用，而且可以中和硬水的碱性。加入硝酸后仍未能够使水中的 pH 降低至理想的水平时，可适当减少磷酸盐的用量，用磷酸中和硬水的碱性。如果营养液偏酸，可增加硝酸钾用量，以补充硝态氮，并相应地减少硫酸钾用量。扣除营养中镁的用量，$MgSO_4 \cdot 7H_2O$ 实际用量减少，也相应地减少了硫酸根（SO_4^{2-}）的用量，但由于硬水中本身就含有大量的硫酸根，所以一般不需要另外补充，如果有必要，可加入少量硫酸（H_2SO_4）来补充。在硬水地区硝酸钙用量少，磷和氮的不足部分由硝酸和磷酸供给。

▼

小知识

水的硬度

水质有软水和硬水之分。水的硬度标准统一以每升水中氧化钙的含量来表示，$1°$相当于每升水中有 10 毫克氧化钙。$0°\sim4°$为极软水，$4°\sim8°$为软水，$8°\sim16°$为中硬水，$16°\sim30°$为硬水，$30°$以上为极硬水。石灰岩地区和钙质土地区的水多为硬水。人们常说的"水土不服"就是由于不同地区的水质，尤其是水的硬度不同引起的肠胃不良反应。

（2）称量。分别称取各种肥料，置于干净容器或塑料薄膜袋中，或平摊地面的塑料薄膜上，以免损失。在称取各种盐类肥料时，注意稳、准、快，称量应精确在±0.1。

（3）肥料溶解。将称好的各种肥料摆放整齐，最后一次核对无误后，再分别溶解，也可将彼此不产生沉淀的化合物混合一起溶解。注意溶解要彻底，边加边搅拌，直至盐类完全溶解。

（4）分装浓缩液。分别配成 A、B、C 三种浓缩液，分别用三个贮液罐盛装。A 罐：以钙盐为中心，凡不与钙盐产生沉淀的化合物均可放在一起溶解；B 罐：以磷酸盐为中心，凡不与磷酸盐产生沉淀的化合物或放在一起溶解；C 罐：预先配制螯合铁溶液，然后将 C 液所需称量的其他各种化合物分别在小塑料容器中溶解，再分别缓慢倒入螯合铁溶液中，边加边搅拌。A、B、C 浓缩液均按浓缩倍数的要求加清水至需配制的体积，搅拌均匀后即可。浓缩液的浓缩倍数，要根据营养液配方规定的用量和各盐类的溶解度来确定，以不析出为准。其浓缩倍数以整数值为好，方便操作。一般比植物能直接吸收的均衡营养液高出 100～200 倍，微量元素浓缩液可浓缩至 1 000 倍。

（5）保存。浓缩液存放时间较长时，应将其酸化，以防产生沉淀。一般可用硝酸酸化至 pH 3～4，并存放塑料容器中，阴凉避光处保存。

2. 工作液的配制

（1）浓缩液稀释法

第一步，计算好各种浓缩液的需要量，并根据配方要求调整水的 pH。

第二步，在贮液池或其他盛装栽培液的容器内注入配制营养液体积的 50%～70% 的水量。

第三步，量取 A 母液倒入其中，开动水泵循环流动 30 分钟或搅拌使其扩散均匀。

第四步，量取 B 母液慢慢注入贮液池的清水入口处，随水稀释后进入储液池，此过程加入的水量以达到总液量的 80% 为度。

第五步，量取 C 母液随水稀释后进入贮液池。加足水量后，循环流动 30 分钟或搅拌均匀。

第六步，用酸度计和电导率仪分别检测营养液的 pH 和 EC 值，如果测定结果不符合配方和作物要求，应及时调整。pH 可用稀酸溶液如硫酸、硝酸或稀碱溶液如氢氧化钾、氢氧化钠调整。调整完毕的营养液，在使用前先静置一些时候，然后在种植床上循环 5～10 分钟，再测试一次 pH，直至与要求相符。

第七步，做好营养液配制的详细记录，以备查验。

（2）直接配制

第一步，按配方和欲配制的营养液体积计算所需各种肥料用量，并调整水的 pH。

第二步，配制 C 母液。

第三步，向贮液池或其他盛装容器中注入 50%～70%的水量。

第四步，称取相当于 A 母液的各种化合物，在容器中溶解后倒入贮液池中，开启水泵循环流动 30 分钟。

第五步，称取相当于 B 母液的各种化合物，在容器中溶解，并用大量清水稀释后，让水进入贮液池中，开启水泵循环流动 30 分钟，此过程所加的水以达到总液量的 80%。

第六步，量取 C 母液并稀释后，在贮液池的水源入口处缓慢倒入，开启水泵循环流动至营养液均匀为止。

第七步、第八步同浓缩液稀释法的后两步。

在工作液配制过程中，要防止母液加入速度过快造成局部浓度过高而出现大量沉淀。如果较长时间开启水泵循环之后仍不能使这些沉淀溶解时，应重新配制营养液。

四、营养液的管理

营养液的管理主要指循环供液系统中营养液的管理，非循环使用的营养液不回收使用，管理方法较为简单。营养液的管理是无土栽培的关键技术，尤其在自动化、标准化程度较低的情况下，营养液的管理更重要，直接关系到营养液的使用效果，进而影响植物生长发育。

（一）营养液浓度的调整

由于作物生长过程中不断吸收养分和水分，加之营养液中的水分蒸发，从而引起营养液浓度、组成发生变化。因此，需要监测和定期补充营养液的养分和水分。

1. 水分补充　水分的补充应每天进行，补充多少次，视作物长势、每株占液量和耗水快慢而定，以不影响营养液的正常循环流动为准。在贮液池内划上刻度，定时使水泵关闭，让营养液全部回到贮液池中，如其水位已下降到加水的刻度线，即要加水恢复到原来的水位线。

2. 养分的补充　养分的补充方法有以下几种：

方法一：根据化验了解营养液的浓度和水平。先化验营养液中 NO_3^- 中 N 的减少量，按比例推算其他元素的减少量，然后加以补充，使营养液保持应有的浓度和营养水平。

方法二：从减少的水量来推算。先调查不同作物在无土栽培中水分消耗量和养分吸收量之间的关系，再根据水分减少量推算出养分的补充量，加以补充调整。例如：已知硝态氮的吸收与水分的消耗的比例，黄瓜为70：100左右；番茄、甜椒为50：100左右；芹菜为130：100左右。据此，当总液量10 000升消耗5 000升时，黄瓜需另追加3 500升（5 000×0.7）营养液，番茄、辣椒需追加2 500升（5 000×0.5）营养液，然后再加水到总量10 000升。其他作物也以此类推。但作物的不同生育阶段，吸收水分和消耗养分的比例有一定差异，在调整时应加以注意。

方法三：从实际测定的营养液的电导率值变化来调整。这是生产上常用方法。根据电导率与营养液浓度的正相关性，再通过测定工作液的电导率值，就可计算出营养液浓度，据此再计算出需补充的营养液量。

在无土栽培中营养液的电导率目标管理值经常进行调整的。营养液EC值不应过高成过低，否则对作物生长发生不良影响。因此，应经常通过检查调整，使营养液保持适宜的EC值。在调整时应逐步进行，不应使浓度变化太大。电导率调整的原则是：

①针对栽培作物不同调整EC值。不同蔬菜作物对营养液的EC值的要求不同，这与作物的耐肥性和营养液配方有关。如在相同栽培条件下，番茄要求的营养液比莴苣要求的浓度高些。虽然如此，各种作物都有一个适宜浓度范围。就多数作物来说，适宜的EC值范围为0.5～3.0毫西门子/厘米。过高过低不利于生育。

②针对不同生育期调整EC值作物。在不同生育期要求的营养液EC值不应完全一样，一般苗期略低，生育盛期略高。如番茄在苗期的适宜EC值为0.8～1.0毫西门子/厘米，定植至第一穗花开放为1.0～1.5毫西门子/厘米，结果盛期为1.5～2.0毫西门子/厘米。

③针对不同栽培季节、温度条件调整EC值。营养液的EC值受温度影响而发生变化，在一定范围内，随温度升高有增高的趋势。一般来说，营养液的EC值，夏季要低于冬季。如番茄用岩棉栽培冬季栽培的营养液EC值应为3.0～3.5毫西门子/厘米，夏季降至2.0～2.5毫西门子/厘米为宜。

④针对栽培方式调整EC值。同一种作物采用无土栽培方式不同，EC值调整也不一样。例如，番茄水培和基质培相比，一般定植初期营养液的浓度都一样，到采收期基质培的营养液浓度比水培的低，这是因为基质会吸附营养之故。

⑤针对营养液配方调整EC值。同样用于栽培番茄的日本山崎配方和美国A-

H 营养液配方，它们的总浓度相差 1 倍以上。因此在补充养分的限度就有很大区别（以每株占液量相同而言）。采用低浓度的山崎配方补充养分的方法是：每天都补充，使营养液常处于 1 个剂量的浓度水平。即每天监测电导率以确定营养液的总浓度下降了百分之几个剂量，下降多少补充多少。采用高浓度的美国 A-H 配方种植时补充养分的方法是：以总浓度不低于 1/2 个剂量时为补充界限。即定期测定液中电导率，如发现其浓度已下降到 1/2 个剂量的水平时，即行补充养分，补回到原来的浓度。生产中应自行积累经验而估计其天数，初学者应每天监测其浓度的变化。

应该注意的是营养液浓度的测定要在营养液补充足够水分使其恢复到原来体积时取样，而且一般生产上不做个别营养元素的测定，也不作个别营养元素的单独补充，要全面补充营养液。

（二）营养液酸碱度的控制

1. 营养液 pH 的检测方法　常用方法有试纸测定法和电位法两种。

（1）试纸测定法。取一条试纸浸入营养液样品中，半秒钟后取出与标准色板比较，即可知营养液的 pH。试纸最好选用 pH 4.5～8 的精密试纸。

（2）电位法。在无土栽培中，应用 pH 计测试 pH，方法简便、快速、准确、精度较高，适合于大型无土栽培基地使用。常用的酸度计为 PHS-2 型酸度计。

2. 营养液 pH 的控制　控制有两种含义：一是治标，即 pH 不断变化时采取酸碱中和的办法进行调节。二是治本，即在营养液配方的组成上，使用适当比例的生理酸性盐和生理碱性盐，使营养液酸碱变化稳定在一定范围内。

选用生理平衡的配方营养液的 pH 因盐类的生理反应而发生变化，其变化方向视营养液配方而定。选用生理平衡的配方能够使 pH 变化比较平稳，可以减少调整的麻烦，达到治本的目的。

pH 上升时，用稀酸溶液如 H_2SO_4 或 HNO_3 溶液中和。H_2SO_4 溶液的 SO_4^{2-} 虽属营养成分，但植物吸收较少，常会造成盐分的累积；NO_3^{-} 植物吸收较多，盐分累积的程度较轻，但要注意植物吸收过多的氮而造成体内营养失调。生产上多用 H_2SO_4 调节 pH，也有使用磷酸的。中和的用酸量不能用 pH 做理论计算来确定。因营养液中有高价弱酸与强碱形成的盐类存在，例如 K_2HPO_4、$Ca(HCO_3)_2$ 等，其离解是逐步的，会对酸起缓冲作用。因此，必须用实际滴定曲线的办法来确定用酸量。具体做法是取出定量体积的营养液，用已知浓度的稀酸逐滴加入，随时测其 pH 的变化，达到要求值后计算出用酸量，然后推算出整个栽培系统的总用酸量。加入的酸要先用水稀释，以浓度为 2 摩尔/升为宜，然后慢慢注入储液池中，随注随搅拌或开启水泵进行循环，避免加入速度过快或溶液过浓而造成的局部过酸而产生 $CaSO_4$ 的沉淀。

pH 下降时，用稀碱溶液如 NaOH 或 KOH 中和。Na^+ 不是营养成分，会造成总盐浓度的升高。K^+ 是营养成分，盐分累积程度较轻，但其价格比较贵，且多吸收了也会引起营养失调。生产上最常用的还是 NaOH。具体进行可仿照以酸中和碱性的做法。这里要注意的是局部过碱成会产生 $Mg(OH)_2$、$Ca(OH)_2$ 等沉淀。

（三）营养液中溶存氧的调整

无土栽培尤其是水培，氧气供应是否充分和及时，往往成为测定植物能否正常生长的限制因素。生长在营养液中的根系，其呼吸所用的氧，主要依靠根系对营养液中溶存氧的吸收。若营养液的溶解氧含量低于正常水平，就会影响根系呼吸和吸收营养，植物就表现出各种异常，甚至死亡。

1. 水培对营养液溶存氧浓度的要求　在水培营养液中，溶存氧的浓度一般要求保持在饱和溶解度 50% 以上，相当于这在适合多数植物生长的液温范围（15～18℃）内，4～5 毫克/升的含氧量。这种要求是对栽培不耐淹浸的植物而言的，对耐淹浸的植物（即体内可以形成氧气输导组织的植物）这个要求可以降低。

2. 影响营养液氧气含量的因素　营养液中溶存氧的多少，一方面是与温度和大气压力有关，温度越高、大气压力越小，营养液的溶存氧含量就越低；反之，温度越低、大气压力越大，其溶存氧的含量就越高。另一方面是与植物根和微生物的呼吸有关，温度越高，呼吸消耗营养液中的溶存氧越多，这就是夏季高温季节水培植物根系容易缺氧的原因。例如，30℃下溶液中饱和溶解氧含量为 7.63 毫克/升，植物的呼吸耗氧量是 0.2～0.3 毫克/（时·克·根），如每升营养液中长有 10克根，则在不补给氧的情况下，营养液中的氧 2～3 小时就消耗完了。

小知识

溶存氧的消耗

溶存氧的消耗速度主要决定于植物种类、生育阶段及单株占有营养液量。一般瓜类、茄果类作物的耗氧量较大，叶菜类的耗氧量较小。植物处于生长茂盛阶段、占有营养液量少的情况下，溶存氧的消耗速度快；反之则慢。比如，夏种网纹甜瓜白天每株每小时耗氧量，始花期为 12.6 毫克/（株·时）；结果网纹期为 40 毫克/（株·时）。若设每株用营养液 15 升，在 25℃时饱和含氧量为 $8.38×15=125.7$ 毫克，则在始花期经 6 小时后可将含氧量消耗到饱和溶氧量的 50% 以下；在结果网纹期只经 2 小时即将含氧量降到饱和溶氧量的 50%以下。

3. 增氧措施　溶存氧的补充来源，一是从空气中自然向溶液中扩散；二是人工增氧。自然扩散的速度较慢、增量少，只适宜苗期使用，水培及多数基质培中都采用人工增氧的方法。

人工增氧措施主要是利用机械和物理的方法来增加营养液与空气的接触，增加氧在营养液中的扩散能力，从而提高营养液中氧气的含量。具体的加氧方法有循环流动、落差、喷雾、搅拌、压缩空气、间歇供液、滴灌供液、夏季降低液温、降低营养液浓度、使用增氧器和化学增氧剂等。营养液循环流动有利于带入大量氧气，此法效果很好，是生产上普遍采用的办法。循环时落差大、溅泼面较分散、增加一定压力形成射流等都有利于增大补氧效果。

在固体基质的无土栽培中，为了保持基质中有充足的空气，可选用如珍珠岩、岩棉和蛭石等合适的多孔基质，还应避免基质积水。

（四）光照与液温管理

1. 光照管理　营养液受阳光直照时，对无土栽培是不利的。因为阳光直射使溶液中的铁产生沉淀，另外，阳光下的营养液表面会产生藻类，与栽培作物竞争养分和氧气。因此在无土栽培中，营养液应保持暗环境。

2. 营养液温度管理　营养液温度即液温直接影响着栽培作物根系对养分的吸收、呼吸和作物生长，以及微生物活动。一般来说，夏季的液温保持不超过28℃，冬季的液温保持不低于15℃，对大多数作物的无土栽培都是适合的。

营养液温度的调整，除大规模的现代化无土栽培基地外，我国多数无土栽培设施中没有专门的营养液温度调控设备，多数是在建造时采用各种保温措施。具体做法如下。

①种植槽采用隔热性能高的材料建造，如泡沫塑料板块、水泥砖块等。

②加大每株的用液量，提高营养液对温度的缓冲能力。

③设深埋地下的贮液池。

营养液加温可采取在贮液池中安装不锈钢螺纹管，通过循环于其中的热水加温或用电热管加温。热水来源于锅炉加热、地热或厂矿余热加温。最经济的强制冷却降温方法是抽取井水或冷泉水通过贮液池中的螺纹管进行循环降温。

（五）供液时间与供液次数

营养液的供液时间与供液次数，主要依据栽培形式、植物长势长相、环境条件而定。供液的原则是根系得到充分的营养供应，但又能达到节约能源和经济用肥的要求。一般在用基质栽培的条件下，每天供液 2～4 次即可，如果基质层较厚，供液次数可少些，基质层较薄，供液次数可多些。作物生长盛期，对养分和水分的需要大，因此供液次数应多，每次供液的时间也应长。供液主要集中在白天进行，夜间不供液或少供液。晴天供液次数多些，阴雨天可少些；气温高、光线强时供液多些；温度低、光线弱时供液少些。应因时因地制宜，灵活掌握。

（六）营养液的更换

营养液的更换与否主要决定于有碍作物正常生长的物质在营养液中累积的程度。判断营养液是否更换可从以下几个方面考虑：①经过连续测量，营养液的电导率值居高不降。②经仪器分析，营养液中的大量元素含量低而电导率值高。③营养液有大量病菌而致作物发病，且病害难以用农药控制。④营养液混浊。⑤如无检测仪器，可考虑用种植时间来决定营养液的更换时间。一般在软水地区，生长期较长的作物（每茬 3~6 个月，如果菜类）可在生长中期更换一次或不换液，只补充消耗的养分和水分，调节 pH。生长期较短的作物（每茬 1~2 个月，如叶菜类），可连续种 3~4 茬更换 1 次。每茬收获时，要将脱落的残根滤去，可在回水口安置网袋或用活动网袋打捞，然后补足所欠的营养成分（以总剂量计算）。硬水地区，生长期较短的蔬菜一般每茬更换一次，生长期较长的果菜每1~2 个月更换一次营养液。

第三节　常用水培设施管理技术

水培是指植物部分根系浸润生长在营养液中，而另一部分根系裸露在潮湿空气中的一类无土栽培方法；而雾培是指植物根系生长在雾状的营养液环境中的一类无土栽培方法。这两类无土栽培技术与基质培的不同之处在于根系生长的环境是营养液而不是固体基质。

目前，最主要的水培形式有深液流技术、营养液膜技术和浮板毛管技术 3 种形式。

一、深液流技术

深液流技术（简称 DFT，Deep Flow Technique）是最早成功应用于商业化植物生产的无土栽培技术。在几十年的发展过程中，世界各国对其作了不少改进，现已成为一种管理方便、性能稳定、设施耐用、高效的无栽培设施类型。

（一）DFT 的特点

①液层深，每株作物所占有的营养液量较大，营养液的浓度、pH、温度较稳。因此，根际环境的缓冲能力大，受外界环境的影响较小。

②植株悬挂于定植板上，根系部分裸露在空气中，部分浸没在营养液中，可

较好地解决根系的水汽矛盾。

③营养液循环流动，能增加营养液中的溶存氧，消除根表有害代谢产物的局部累积，消除根表与根外营养液的养分浓度差，并能促使因沉淀而失效的营养物重新溶解。

（二）常用 DFT 水培设施的组成与结构

深液流水培设施由于建筑材料不同和设计上的差异，已有多种类型问世。其设施组成主要包括种植槽、定植板或定植网框、贮液池、营养液循环系统四部分（图 6-1、图 6-2）。

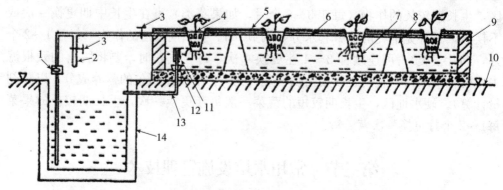

图 6-1　改进型神园式深液流水培设施纵切面

1. 水泵　2. 充氧支管　3. 流量控制阀　4. 定植杯　5. 定植板　6. 供液管　7. 营养液　8. 支承墩
9. 种植槽　10. 地面　11. 液层控制管　12. 橡皮塞　13. 回流管　14. 贮液池

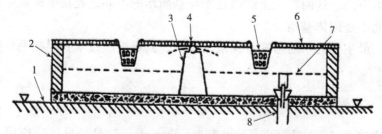

图 6-2　改进型神园式深液流水培设施横切面
1. 地面　2. 种植槽　3. 支承墩　4. 供液管　5. 定植杯　6. 定植板
7. 液面　8. 回流及液层控制装置

1. 种植槽　种植槽在建造时，首先将地整平、打实基础，可用混凝土、砖、砂浆等材料建造，一般种植槽建造规格为：宽度为 80～100 厘米，连同槽壁外沿不宜超过 150 厘米，以便操作方便和防止定植板弯曲变形、折断等，槽的深度为 15～20 厘米，槽长度为 10～20 米。要求槽底和四壁水平，牢固严密，不渗漏液体。

2. 定植板和定植网框

（1）定植板。一般用高密度白色聚苯乙烯板制成，板厚为2～3厘米，在板面上钻出若干个定植孔（图6-3），定植孔的孔径为5～6厘米，种植果菜和叶菜可通用。定植孔数量可根据种植作物的种类和种植槽的宽度而定，种植小株型叶菜的定植孔密度大一些，大株型果菜类的稀小一些。也可用栽叶菜类的定植板栽果菜类，只要将多余的孔用泡沫塑料堵塞住便可。

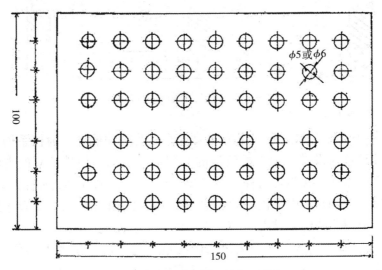

图6-3　定植板平面图（单位：厘米）

定植板的宽度与种植槽外沿宽度一致，使定植板的两边能架在种植槽的槽壁上。为了防止槽的宽度过大而使定植板弯曲变形或折断，在100厘米宽的种植槽中央用水泥和砖砌一个支撑墩，可以在槽内中央支撑墩上放置一条塑料供液管道，同时起支撑定植板重量和供液的作用。

每一个定植孔中放置一个塑料定植杯，高7.5～8.0厘米，杯口直径与定植孔相同，杯口外沿有一宽5厘米的边，以卡在定植孔上，不致掉进槽中。杯的下半部及底面开有许多孔，孔径约3毫米（图6-4）。在种植槽建造时，要确保框四周及槽中支撑墩（连供液管）顶面的水平。

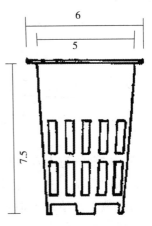

图6-4　定植杯（单位：厘米）

（2）定植网框。定植网框宽与种植槽外沿宽度一致，长度视材料强度和搬运的方便而定，一般为 50～80 厘米。它由木板或硬质塑料板或角铁做成边框，用金属丝或塑料丝织成网作底，框内盛放固体基质。作物幼苗就定植在这些基质中，定植初期应向固体基质浇营养液和水，待根系伸入槽里营养液中能吸收到营养液维持生长时，才可停止浇液浇水（图6-5）。

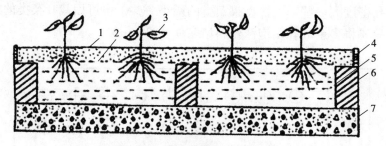

图 6-5　用定植网框种植作物
1. 基质　2. 塑料纱网　3. 植株　4. 定植网框　5. 营养液　6. 种植槽　7. 槽底

3. 贮液池　地下贮液池是作为增大营养液的缓冲能力，为根系创造一个较稳定的生存环境而设的。地下贮液池的容积，可按每个植株适宜的占液量来推算。大株型的番茄、黄瓜等每株需15～20升，小株型的叶菜类每株需3升左右。算出全温室（大棚）的总需液量后，按1/2量存于种植槽中，1/2存于地下贮液池。一般1 000米² 的温室需设 30 米³ 左右的地下贮液池。

4. 营养液循环系统　该系统包括供液系统和回流系统两大部分（图6-6）。供液系统中包括供液管道、水泵和调节流量的阀门等部分。而回流系统由回流管道和种植槽中的液位调节装置这两部分组成。

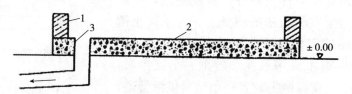

图 6-6　深液流水培种植槽纵切面（埋在地下的回流管道）
1. 槽框　2. 槽底　3. 回流管道

（1）供液管道由水泵从贮液池中将营养液抽起后，分成两条支管，每条支管各自有阀门控制。一条转回贮液池上方，将一部分营养液喷回池中起增氧作用，若要清洗整个种植系统时，此管可用彻底排水之用；另一条支管接到总供液管上，总供液管再分出许多分支通到每条种植槽边接上槽内供液管。槽内供液管为一条贯通全槽的长塑料管，管上每隔一定距离开有喷液小孔，使营养液均匀分到全槽。槽内供液管安放的位置有 3 种：一种是放在槽底；另一种是将供液管横向架设于槽的一端液面之上,营养液从槽头的这一截管道中喷出,并从种植槽的一端流向另一端;第三种供液管架设方式为在每条种植槽中间的分隔墙上方把已开设喷液水孔的供液管从种植槽的一端延伸到另一端(纵向摆设)。

　　槽宽为80～90厘米的种植槽内供液管用直径25毫米的聚乙烯硬管制成,每距45厘米开一对直径为2毫米的小孔,位置在管水平直径线以下的两侧,小孔至管圆心连线与水平直径之间的夹角为45°,每条种植槽的供液管在其进槽前设有控制阀门,以便调节流量。

　　(2)回流管道及种植槽内液位调节装置(图6-7、图6-8)。回流管道在建造时要预先埋入地下,然后再建种植槽,而且所用回流管道的口径要足够大,以便及时排出从种植槽中流出的营养液,避免槽内进液大于回液而溢出营养液。为了保证种植槽中能够维持一定深度的液层,应安装一个液位调节装置(图6-7)。为防止回流管中有异物堵塞,可用一个口径较大、高度高于液位调节装置中的回流管的硬质塑料管,在管口的一端锯成锯齿状的缺刻,罩住液位调节装置的四周(图6-8)。这样根系就不会伸入到回流管中而造成堵塞,而是浮在营养液表层。

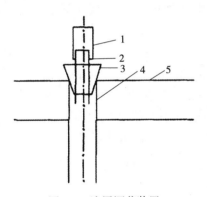

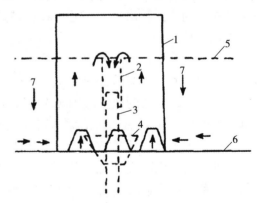

图6-7　液层调节装置

1.可升降的套于硬塑管外的橡皮管
2.硬塑管　3.橡皮管
4.回流管　5.种植槽底

图6-8　罩住液位调节装置的塑料管

1.带缺刻的硬塑料管　2.液位调节管
3.PVC硬管　4.橡胶塞　5.液面
6.槽底　7.营养液及其液向(箭头表示)

　　(3)水泵及定时器水泵应选用具有抗腐蚀性能的型号,其功率的大小应依温室的大小而定。在1 000～2 000米^{2}的温室中,选用1台直径25～50毫米、功率为1.5千瓦的自吸泵即可。而在单栋面积为320米^{2}的设施中,选用功率为550瓦的水泵为宜。

　　为了控制水泵的工作时间,同时满足作物不同生长时期对氧的需求和管理上的方便，应安装一个定时器。

在水泵出口处附近安装一个空气混入器（图6-9），有利于大型植株根系氧气的供应。空气混入器的数量因栽培作物和床长等条件而异。一般床长30～40米时，叶菜类为2～4个，果菜类以4个为标准。

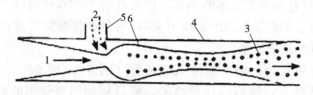

图 6-9　空气混入器示意图
1. 营养液　2. 空气　3. 气泡　4. 外管
5. 空气入口　6. 口径突然收窄的内管

（三）DFT栽培管理技术要点

1. 种植槽的准备

（1）新建种植槽的处理。新建成的水泥结构种植槽和贮液池，使用前先用清水浸泡种植设施2～3天，洗刷去大部分碱性物质。在使用过程中，仍会不断有少量的碱性物质溶解出来。因此，在种植过程中还须密切注意营养液pH变化，及时采取处理措施。

（2）栽培设施清洗与消毒换茬时，对种植槽、定植杯、定植板、贮液池以及循环管道进行消毒。方法是将装置各个部件全部清洗干净后，可移动组件用含0.3%～0.5%有效氯的次氯酸钠或次氯酸钙液浸泡消毒1天，而不可移动部件用含0.3%～0.5%有效氯的次氯酸钠或次氯酸钙溶液喷洒槽池内外所有部位使之湿透（每平方米面积约为250毫升），再用定植板和池盖板盖住保持湿润30分钟以上，然后用清水洗去消毒液待用；全部循环管道内部用含0.3%～0.5%有效氯的次氯酸钠或次氯酸钙溶液循环流过30分钟消毒。

2. 栽培管理

（1）无土育苗。详见第二章穴盘育苗技术，也可以用海绵块育苗。

（2）定植。首先将经过清洗消毒的粒径稍大于定植杯下部小孔隙的非石灰质小石砾放入定植杯，1～2厘米厚，然后将幼苗从育苗穴盘或育苗杯中连带育苗基质一并移入定植杯中。固定幼苗最好使用石砾，因石砾颗粒相对较大，毛细管作用较弱，可有效防止种植槽中的营养液随毛细管作用上升在表面形成盐霜，影响作物的正常生长，也减少了病害的发生。

3. 营养液的配制与管理　作物刚定植时应保持营养液液面浸没杯底1～2厘米，当根系生长大量伸出定植杯时，将液位调低至液面离开定植杯杯底，当植株很大、根系非常发达时，只需在种植槽中保持 3～4 厘米的液层即可，这样可以让较多的根系裸露在营养液层上部至定植板下部的那部分空间中，可以吸收到空气中的氧气以供作物生长所需。但也不能够使种植槽中的液层太浅，一般应保证液层的深度可维持在无电力供应、水泵不能正常循环的情况下植株仍能正常生长 1～2 天的营养液量。

二、营养液膜技术

营养液膜技术（简称 NFT，Nutrient Fill Technique），是指将植物种植在浅层流动的营养液中较简易的水培方法。该技术以其造价低廉、易于实现生产管理自动化等特点，迅速在世界上许多国家推广应用。我国于 1984 年在南京开始应用此项技术进行无土栽培，效果良好。

（一）NFT 的基本特征

营养液液层薄，作物根系一部分浸在浅层营养液中（5～10 毫米），另一部分暴露于空气中，可以较好地解决根系的氧气供应问题。

浅层营养液是循环流动着的。

结构简单，施工方便，投资少，造价低。

（二）NFT 设施的结构

NFT 的设施主要由种植槽、贮液池、营养液循环流动装置三部分组成（图 6-10）。

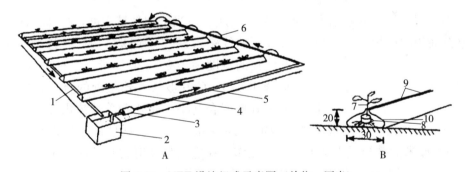

图 6-10　NFT 设施组成示意图（单位：厘米）

A. 全系统示意　B. 种植槽剖视

1. 回流管　2. 贮液池　3. 泵　4. 种植槽　5. 供液主管　6. 供液　7. 苗

8. 育苗钵　9. 木夹子　10. 聚乙烯薄膜

1. 种植槽　NFT 的种植槽按种植作物种类的不同可分为两类：一类适用于大株型作物（如果菜类蔬菜）的种植，另一类适用于小株型作物（如叶菜类蔬菜）的种植。种植槽一般用软质塑料薄膜、硬质塑料板、铁板、玻璃钢或水泥砖等建成。

大株型作物的种植槽建槽时，先将温室地面整平、压实，并做成一定坡度〔坡降为1：（75～100）为宜〕，然后用厚度为0.1～0.2厘米的黑白双面塑料薄膜沿斜面方向平铺于地面，白色面向下，黑色面向上，定植作物时把带苗的育苗钵按一定的株距放在薄膜的中部排成一行，然后把两边薄膜拉起来，使得薄膜中央约有25～30厘米的宽度紧贴地面，做成槽底宽25～30厘米、高度为20～25厘米的槽，拉起的薄膜合拢起来用夹子夹住，成为一条高20～25厘米的薄膜三角形槽（图6-11），槽的长度以30米以内为宜。为了改善根际的通气、水分和养分供应状况，可在槽内底部铺垫一层无纺布。

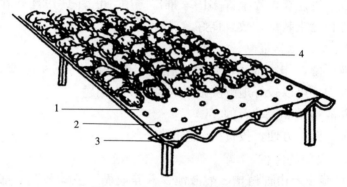

图 6-11　小株型作物用的种植槽
1. 泡沫塑料定植板　2. 定植孔　3. 波纹瓦　4. 结球生菜

小株型作物的种植槽可用波纹瓦作槽底，适当增加种植密度，提高小株型作物单位面积的产量（图6-11）。波纹瓦的谷深2.5～5.0厘米，峰距视株型的大小而改变，一般为10～15厘米。波纹瓦的宽度为100～120厘米，可种植6～8行作物。种植槽长度20米左右，坡降1：75。两片波纹瓦连接处的叠口长度不少于10厘米，以便波纹瓦之间能够很好地嵌合起来，防止营养液流出，必要时也可在波纹瓦的接合处用水泥砂浆或沥青加以黏合。一般把种植槽架设在高度为80～100厘米的铁架或木架上，便于操作。在定植作物时要在波纹瓦上盖一块厚度为2.0～2.5厘米的聚苯乙烯塑料板作为定植板。

2. 贮液池　其容量以足够整个种植面积循环供液之需为度。对大株型作物贮液池一般设在地面以下，以便营养液能及时回流到贮液池中，其容积按每株5升计算。对于小株型作物，若是种植槽有架子架设的，则可把贮液池建在地面上，只要确保营养液能顺利回流到贮液池中即可，其容积一般每株按1升计算。当然增加贮液量有利于营养液的稳定，但投资也相应增加。

3. 循环流动系统 主要由水泵、管道及流量调节阀门等组成（图6-12）。

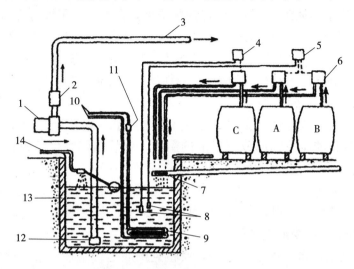

图 6-12　NFT 的自动控制装置

A、B. 浓缩营养液罐　C. 浓酸液/碱液罐

1. 水泵　2. 定时器　3. 供液管　4. pH 控制仪　5. EC 控制仪　6. 注入泵　7. 营养液回流管
8. EC 及 pH 探头　9. 加温或冷却管　10. 暖气（冷水）螺纹管　11. 暖气（冷水）控制阀
12. 水泵滤网　13. 贮液池　14. 水源及浮球开关

（1）水泵应选用耐腐蚀的自吸泵或潜水泵。水泵的功率大小应与整个种植面积营养液循环流量相匹配。一般每亩大棚或温室选用功率为1 000瓦、流量为每小时 6～8 米³ 的水泵就可达到要求。

（2）管道共分两种，一种是供液管道，另一种是回流管道。均应采用塑料管道，以防止腐蚀。安装管道时，应尽量将其埋于地面以下，一方面方便作业，另一方面避免日光照射而加速老化。

①供液管道可按管径的不同分为主管、支管和毛管。主管道管径大，各个支管道逐渐变小，毛管只有 3～5 毫米，每一条种植槽要从支管中引入 2～3 条供液毛管，供液量控制在每槽每分钟流量为 2～5 升。

②回流管道在种植槽的最低一端设一排液口，用管道统一连接到回流主管上再流回贮液池中。种植槽上的排液管和回流主管的管径均要足够大，以确保能够将营养液快速排到贮液池中，防止溢出。

4. 其他辅助设施

（1）供液定时器。供液定时器可准确地控制水泵工作的间歇时间，省去人工控制的麻烦，使得生产过程更趋自动化。

（2）电导率（EC）自控装置。由电导率传感器、检测及控制仪表、浓缩营养液罐（A 液和 B 液两种）和浓缩营养液注入泵以及与水源连接的电磁阀等部分组成。可以自动调节贮液池中营养液的浓度，大大减轻了人力劳动。

（3）pH 自控装置。由 pH 传感器、控制仪表以及带有注入泵的浓酸或浓碱贮存罐组成。其工作原理与电导率自控装置相似。只不过由 pH 自控装置加入贮液池的是浓酸（一般为硝酸或磷酸）或浓碱（一般用氢氧化钠或氢氧化钾）。

（4）营养液的温度控制装置。主要由加温装置或降温装置及温度自控仪两部分组成。可以自动监控和调节营养液的温度，为栽培作物生长提供良好的温度环境。

（5）安全装置。NFT 的特点决定了种植槽内液层很薄，一旦停电或水泵故障不能及时循环供液，很容易因缺水使作物萎蔫。

（三）NFT 栽培管理技术要点

1. 种植槽的准备 如果是新槽，要检查槽底是否平顺和塑料薄膜有无破损渗漏，这直接影响种植能否成功；如果是换茬后重新使用的旧槽，同样应认真检查塑料膜是否渗漏，同时要进行彻底地清洗和消毒。

2. 育苗与定植 由于大株型和小株型作物所需要的种植槽不同，因此其育苗和定植方法也不尽相同。

（1）大株型作物。因 NFT 的营养液层很浅，定植时作物的根系都置于槽底，故定植的苗都需要带有固体基质或有多孔的塑料钵以锚定植株。育苗时就应用固体基质制成育苗块（一般用岩棉块）或用多孔塑料钵育苗，定植时不要将固体基质块或多孔塑料钵脱去，连苗带钵（块）一起置于槽底。

（2）小株型作物。可用压制成型的小岩棉块、海绵块来育苗。育苗块的大小应以可放入定植孔为度。育苗时在育苗块的上面切出一条小缝（有些商品化的育苗块在出厂时已切开一条缝隙或十字形切口），把种子置于其中（也可催芽后播入），淋水或浇灌稀的营养液，待苗长至 2～3 片真叶时可移入定植板上开出的定植孔中。定植时要使育苗块触及槽底、叶片伸出定植板。也可采用小的育苗杯来育苗和定植。这种育苗杯与深液流水培的定植杯很相似，只不过其规格比深液流水培用的要小得多。育苗和定植方法与深液流水培类似。

3. 营养液的配制与管理

（1）供液方法。采用间歇供液方法，供液时间和频度要根据种植槽的长度、种植作物的密度、植株长势以及气候条件来具体确定。例如，在槽长 25 米左右、流量为 4 升/分钟、种植槽中设有无纺布的条件下种植番茄，夏季的白天每小时供液 15 分钟，停供 45 分钟；夜晚每 2 小时内供液 15 分钟，停供 105 分钟；在冬季的白天每 1.5 小时内供液 15 分钟，停供 75 分钟，夜晚每 2 小时内供液 15 分钟，停供 105 分钟。

（2）液温管理。虽然每一种作物对液温的要求各不相同，但为了管理上的方便，可将其控制在一定范围内，满足作物生长发育的要求。一般夏季以不超过 30℃，冬季不低于 12℃ 为宜。

（3）营养液的补充和更换。因为 NFT 的营养液总量较少，在种植作物的过程中，其浓度变化较为剧烈，经过一段时间种植之后的营养液，由于其中已积累了许多植物根系的分泌物以及由于肥料不纯净而带入的杂质和作物吸收较少的盐分，此时要更换营养液。一般生长期达 6 个月以上的作物如番茄、甜椒等，营养液经过 2～3 个月后要更换；而生长期短的作物如叶菜类蔬菜，种植 1～2 茬之后进行更换。

三、浮板毛管技术（FCH）

浮板毛管栽培技术是由浙江农业科学研究院和南京农业大学参考日本的浮根法改良研究开发的，它利用分根法和毛细管原理有效地解决了水培中供液与供氧的矛盾。根系环境条件相对稳定，营养液液温、浓度、pH 等变化较小，根际供氧较好，既解决了 NFT 根环境不稳定、因临时停电营养液供应困难的问题，又克服了 DFT 根际易缺氧的困难，具有成本低、投资少、管理方便、节能、实用等特点。

浮板毛管栽培设施包括种植槽、地下贮液池、循环管道和控制系统四都分。除种植槽以外，其他三部分基本与 NFT 相同，种植槽（图 6-13）由定型聚苯乙烯板做成凹形槽，然后连接成长 15～20 米的长槽，其宽 40～50 厘米，高 10 厘米，槽内铺 0.3～0.8 厘米厚无破损的聚乙烯薄膜，营养液深度为 3～6 厘米，液面漂浮 1.25 厘米厚、宽 10～20 厘米的聚苯乙烯泡沫板，板上覆盖一层亲水性无纺布，两侧延伸入营养液内，通过毛细管作用，使浮板始终保持湿润。秧苗栽入定植杯内，然后悬挂在定植板的定植孔中，正好把槽内的浮板夹在中间，根系从定植杯的孔中伸出后，一部分根爬伸生长到浮板上，产生根毛吸收氧气，一部分根伸到营养液内吸收水分和营养。定植板用 2.5 厘米厚、40～50 厘米宽的聚苯乙烯泡沫板，覆盖于种植槽上，定植板上开两排定植孔，孔径与育苗杯外径一致，孔间距为 40 厘米×20 厘米。种植槽坡降 1∶100，上端安装进水管，下端安装排液装置，进水管处同时安装空气混入器，增加营养液的溶氧量。排液管道与贮液池相通，种植槽内营养液的深度通过垫板或液层控制装置（图 6-13）来调节。一般在秧苗刚定植时，种植槽内营养液的深度保持 6 厘米，定植杯的下半部进入营养液内，以后随着植株生长，逐渐下降到 3 厘米。

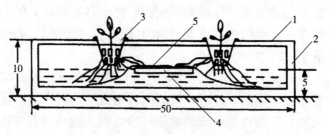

图 6-13　浮板毛管栽培种植槽横切面示意图（单位：厘米）

1. 定植板　2. 种植槽　3. 定植杯　4. 浮板　5. 无纺布

小知识

番茄树

　　番茄树是通过无土栽培方式栽培的多年生的巨型番茄，其单株可以结果很多，在美国佛罗里达维斯塔湖的华特迪士尼世界农场大棚中，有一棵世界最大的番茄树，是吉尼斯世界纪录保持者，可产32 000颗番茄。目前，在许多观光采摘园里都有番茄树的种植，并且硕果累累，成观光园的一道靓丽风景。

第四节　固体基质栽培以及管理

一、无土栽培基质的选用原则

　　基质是无土栽培中重要的栽培组成材料，不但具有像土壤那样能为植物根系提供良好的营养条件和环境条件的功能，并且还可以为改善和提高管理措施提供更方便的条件。因此，基质的选用原则可以从两个方面考虑，一是基质的适用性，二是基质的经济性。

　　1. 基质的适用性　指选用的基质适合所要种植的作物根系的要求。一般来说，基质的容重在0.5左右，总孔隙度在60%左右，大小孔隙比在0.5左右，化学稳定性强（不易分解出影响物质），酸碱度接近中性，没有有毒物质存在的，都是适用的。

　　决定基质是否适用，还应该有针对性地进行栽培试验，这样可提高选择基质的准确性。

2. 基质的经济性 除了考虑基质的适用性以外，选用基质时还要考虑其经济性。有些基质虽对植物生长有良好的作用，但来源不易或价格太高，因而不宜使用。因此，选用基质既要考虑对促进作物生长有良好效果，又要考虑基质来源容易、价格低廉、经济效益高、不污染环境、使用方便（包括混合难易和消毒难易等）、可利用时间长短以及外观洁美等因素。

二、常用基质的类型

无土基质的种类很多，分类方法也很多。按基质的来源分类，可以分为天然基质和人工合成基质两类。如砂、石砾等为天然基质，而岩棉、泡沫塑料、多孔陶粒等则为人工合成基质。

按基质的组成来分类，可以分为无机基质、有机基质和化学合成基质三类。砂、石砾、岩棉、蛭石和珍珠岩等都是无机物组成的无机基质；树皮、泥炭、蔗渣、稻壳、椰糠等是由植物有机残体组成的有机基质；泡沫塑料为化学合成基质。

按基质的性质来分类，可以分为活性基质和惰性基质两类。所谓活性基质是指具有盐基交换量或本身能供给植物养分的基质。惰性基质是指基质本身不起供应养分作用或不具有盐基交换量的基质。泥炭、蛭石等含有植物可吸收利用的养分，并且具有较高的盐基交换量，属于活性基质；砂、石砾、岩棉、泡沫塑料等本身既不含养分也不具有盐基交换量，属于惰性基质。

按基质使用时组分的不同，可以分为单一基质和复合基质两类。所谓单一基质是指使用的基质是以一种基质作为植物生长介质，如砂培、砂砾培和岩棉培。复合基质是指由两种或两种以上的基质按一定的比例混合制成的基质。现在生产上为了克服单一基质可能造成的容重过轻、过重、通气不良或通气过盛等弊端，常将几种基质混合形成复合基质来使用。一般在配制复合基质时，以两种或两种以上基质混合为宜。

常用的基质包括：草炭、珍珠岩、蛭石、岩棉、菇渣、锯末、椰糠、砻糠、树皮、蔗渣、沙子、炉渣、陶粒、砾石等。为了克服单一基质理化性质的一些不足对栽培作物生长的影响，通常使用复合基质，即使用两种或两种以上基质材料按照一定比例混合使用。试举几例供参考。

草炭：蛭石：炉渣：珍珠岩＝2：2：5：1。

草炭：蛭石＝1：1。

草炭：炉渣＝1：1。

草炭：蛭石＝1：（2~3）。

草炭：炉渣＝2：3。

草炭：珍珠岩＝7：3。

砂：椰壳粉＝5：5。

向日葵秆粉：炉渣：锯末＝5：2：3。

以上基质配比均为体积比。

三、常用基质栽培生产设施及管理

1. 基质袋培　基质袋培又称袋状基质培，即将配制好的基质装入一定规格的袋子中进行作物栽培。袋培的方式有两种：一种为开口筒式基质袋培，直径30~35厘米，长35厘米，每袋装岩棉10~15升，种植1株番茄或黄瓜等大株型作物（图6-14）；另一种为枕头式袋培，直径30~35厘米，长70厘米，每袋装基质20~30升，定植时，先在袋上开两个直径为10厘米的定值孔，两孔中心距离为40厘米。种植两株番茄或黄瓜等大株型作物（图6-15B）。栽培袋用抗紫外线的聚乙烯薄膜制成，光强的地方用白色膜，利于反光降温，光照少的地方用黑色膜利于吸热升温。

图6-14　开口筒式基质袋培

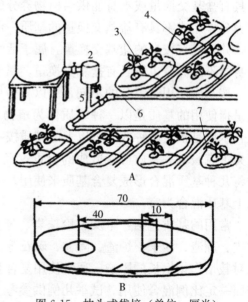

图6-15　枕头式袋培（单位：厘米）

A. 滴灌系统　B. 种植袋及定植孔

1. 营养液罐　2. 过滤器　3. 水阻管　4. 滴头

5. 主管　6. 支管　7. 毛管

在温室中排放栽培袋以前，温室的整个地面应铺上乳白色或白色朝外的黑白双色塑料薄膜，以便将栽培袋与土壤隔开，同时有助于冬季生产增加室内的光照强度。定植完毕即布设滴灌管，每株设置 1 个滴头。滴灌系统的安装见图 6-15A。

无论是开口筒式袋培还是枕头式袋培，袋的底部或两侧都应该开 2～3 个直径为 0.5～1.0 厘米的小孔，以便多余的营养液能从孔中渗透出来，防止沤根。各种轻型基质，如珍珠岩、草炭、苇末、椰糠等都可用作袋培的基质。

2. 基质槽培　槽培就是将基质装入一定容积的栽培槽中以种植作物。栽培槽可以是永久性的也可以是临时性的，一般用砖、木板、聚苯板、竹片等做成，为了割断与土壤的联系，一般在栽培槽底部铺 1～2 层塑料薄膜。

（1）基质的混合。基质栽培所使用基质通常是有机无机混合基质，比较好的基质应适用于各种作物，不能只适用于某一种作物。如 1∶1 的草炭、锯末，1∶1∶1 的草炭、蛭石、锯末，或 1∶1∶1 的草炭、蛭石、珍珠岩等混合基质，均在我国无土栽培生产上获得了较好的应用效果。

在配制复合基质时，可预先加入一定量的肥料，一般我国多用有机固态肥料，若用化肥常施用三元复合肥（15-15-15）以 0.25％比例加水混入，或按硫酸钾 0.59/升、硝酸铵 0.259/升、过磷酸钙 1.59/升、硫酸镁 0.259/升的量加入，也可按其他营养配方加入。

（2）设施结构及管理。设施由营养液池（罐）、栽培槽、加液系统、排液循环系统几部分组成。

①营养液池（罐）。营养液池的容积均由栽培面积和作物种类来决定。例如，200 米^2 大棚可种甜瓜 600 株，每株甜瓜日最大耗液量为 2 升，600 株甜瓜每天耗液量为 1 200 升，所以池的最小容量设计应在 1.5～2 吨。为减少每天配液的麻烦，减轻劳动强度，营养液池的容量设计为 4.5 吨，即池长 2 米、宽 1.5 米、深 1.5 米，营养液池由砖和水泥砌成，为防渗漏在底面和四周铺上油毡。为方便营养液池清洁工作，可在泵的下方营养液池的一角建一个 20 厘米见方的小水槽。

②栽培槽。栽培槽的大小和形状取决于不同作物田间操作的方便程度，一般为槽宽 0.48 厘米（内径宽度），深度以 15～20 厘米，槽的长度由灌溉能力（灌溉系统必须能对每株作物提供同等数量的营养液）、温室结构以及田间操作所需走道等因素来决定（图 6-16）。同时，要求栽培槽具有一定的坡度，这样便于排水，通常坡度应不小于 0.4％，也可在槽的底部铺设一根多孔的排水管。为了使基质与土壤隔离，在栽培槽底部铺 1～2 层塑料薄膜，同时也可以防止营养液渗漏。

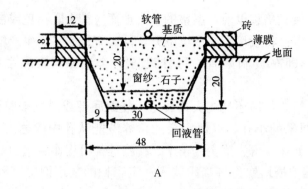

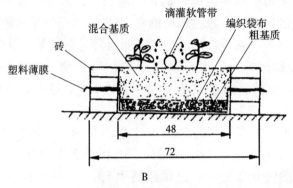

图 6-16　基质栽培槽剖面图（单位：厘米）

槽体可以由聚苯板、玻璃钢、银灰膜、水泥等材料制成，简易基质栽培的槽体由砖砌成。为了节约成本，也可以就地挖槽，把四壁的土壤夯实切齐，槽底整平，铺上一层 0.08～0.1 毫米的薄膜即可。

装填基质前，首先在薄膜上铺一层直径 1.0～2.0 厘米的碎砖头或石子，作为渗液层，其上铺一层窗纱或者 0.5～1.0 毫米无纺布，防止基质混入。窗纱或者无纺布上铺 15～20 厘米基质。基质上面中间部位铺一条软质喷灌管，管的一头用铁丝捆死，另一头接在加液管的支管上。

③供液、排液及循环系统。此系统可以是开放式，也可以是封闭式，这取决于是否回收和重新利用多余的营养液。在开放系统中营养液不进行循环利用，而在封闭系统中营养液则进行循环利用。

从营养液池通向栽培槽的软质加液管的主管道是直径 30 毫米的铁管，在主管道上设一水质过滤器。营养液由泵从栽培池抽出，经过滤器，进入喷灌软管，以喷灌方式加入栽培槽，被作物吸收，剩余部分渗入有砖头构成的渗液层。由于渗液层下铺有薄膜，营养液不会渗入地下，而沿 1/100 的坡度流到栽培槽南侧的排液口，经排液口流入排液沟。排液沟是位于槽南侧的用砖和水泥砌成的沟，全部置于地下。营养液顺排液沟与营养液池相通的回液管流回营养液池（图6-17）。

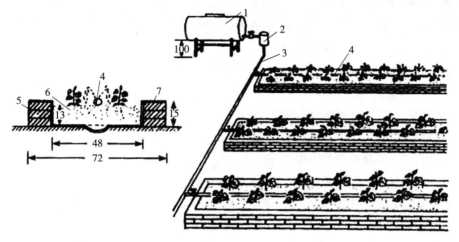

图 6-17　有机基质培系统（单位：厘米）
1. 贮液罐　2. 过滤器　3. 供液管　4. 滴灌带　5. 砖　6. 有机基质　7. 塑料薄膜

案例

　　河北省邢台县岳垯村利用雨水配制营养液，用河沙、蛭石混合基质，进行日光温室番茄越冬栽培，番茄的生长期长达8~9个月，每株番茄可连续结果14穗，产量可达2万~2.5万千克，所产果实品质非常好，产出效益非常可观。

▼

小知识

阳台种菜

　　阳台种菜是指在家里的阳台上种植蔬菜，是现代家庭园艺生活的一部分。农贸市场、超市买的一些蔬菜存在农药的残留，容易对我们的身体产生危害。阳台种菜一般不会使用农药和有害肥料，是一种健康的生产方式，同时也激发人的兴趣，陶冶情操。

思考与训练

1. 与土壤栽培相比，无土栽培有哪些优点？
2. 营养液的管理包括哪些内容？
3. 营养液的配制原则是什么？
4. DFT 与 NFT 的设施组成有哪些？
5. 如何正确评价深液流水培？
6. 深液流水培中，液面怎样控制？
7. NFT 的间歇供液方法有何优点？
8. 浮板毛管水培技术的组成与特点有哪些？
9. 基质栽培如何进行营养液管理？

第七章

设施蔬菜的连作障碍与病虫害防控

第一节 设施蔬菜连作障碍

一、设施蔬菜的连作障碍产生的原因

1. 连作障碍的定义 连作障碍是指同一作物或者近源作物在多年种植后，在正常的管理下会出现发育不良、产量降低、品质变差、病虫害严重等现象，影响植株的正常生长，产量和效益出现下降。

2. 连作障碍出现的原因

（1）土壤次生盐渍化和酸化。蔬菜种植过程中，由于肥料使用不科学，从而造成土壤次生盐渍和酸化的状况逐渐加重。比如在种植过程中菜农为了获得更大的经济效益，在每年每季施肥过程中使用过量的高浓度的化肥。这样周而复始的循环使用，蔬菜种植过程中薄膜覆盖，长期的发酵产生高温，因此在自然条件下土壤的盐分随水分蒸发而聚集在土壤表层，从而造成次生盐渍化。

（2）有害物质逐渐积累。在蔬菜种植过程中细菌、真菌、放线菌是最主要的微生物，放线菌具有产生抗生素的基本功效，其对于农业生产有着重要影响，但是在现阶段的农业生产过程中，地膜覆盖技术广泛使用，在长期覆盖的环境下，直接导致细菌、真菌迅速繁殖，从而造成放线菌数量下降，而放线菌数量下降直接导致土壤中病虫害的迅速传播，其造成土壤中的有害物质不断增加，对农业生产构成极大的威胁。

（3）植物存在自毒作用。自毒作用主要指农业生产过程中植物根部分泌出毒性物质的状况，这些物质主要抑制作物的相关酶类分解，自毒作用对于作物的光合作用也存在抑制作用，从而对作物的生长构成抑制作用，比如番茄、茄子、西瓜等，如在同一地块连续种植西瓜，第二年西瓜的根就会被线虫危害，造成西瓜苗枯死。因此在现阶段的蔬菜种植过程中必须采取必要的措施，促进农业经济稳

步发展。

二、设施蔬菜连作障碍的防控措施

1. 合理施用有机肥　有机肥在增加土壤有机质的同时，还能增加微量元素的含量，使土壤团粒结构得到改善，加大了保水、保肥等功效。

2. 调节土壤的酸碱度　由于大棚蔬菜长期连作和滥用化肥，使土壤中硝酸盐等可溶性盐含量明显增加，因此，必须采取有效措施，调节土壤的酸碱度，使土壤的 pH 逐步达到或接近多数作物所适应的中性或微酸性、微碱性的范围。

（1）土壤处理。对于 pH 小于 5.5 的酸性土壤增施生石灰，每亩增施 50 千克生石灰中和土壤，并控制氮肥用量，降低土壤中硝基的含量。对于 pH 5.5～6 的微酸性土壤要施用碱性肥料，如钙、镁、草木灰等，中和土壤的微酸性。对于 pH 大于 7.5 的碱性土壤，要施用酸性肥料，如硝酸铵、硫酸铵等，中和土壤的碱性。

（2）土壤深翻。将土壤表层的盐分翻入深层，深翻一般在 25 厘米左右，同时，结合灌水洗盐，在换茬农作时，在棚中灌满水，使积水达到 4～6 厘米并浸泡 6～7 天，等土壤中的盐分充分溶解后再将其排出，效果会更佳。

（3）换土法。选用其他田块优质肥沃的土壤与大棚中表层 30～40 厘米的土壤互换，从而达到改良棚内土壤的效果。

3. 棚室消毒　在大棚收获后首先清理残物，然后及时浇水，渗水后撒施氰氨化钙，每亩施 100～150 千克，然后深翻，并进行闷棚处理，提升大棚室内温度。以达到杀菌、杀虫和消毒的目的。还可采用药剂熏蒸灭菌，将棚室封闭，用化学杀虫、杀菌药剂进行棚内熏蒸，杀灭棚室残留的病原、虫卵，以达到减轻病虫害的目的。

轮作

4. 合理轮作　作物的轮作，要根据不同作物自身的生理特性，对不同病虫害感染的异同特点，对不同环境的适应情况进行轮作，可以按以下原则进行安排：①选择需氮、磷、钾较多的各类作物进行相互轮作，将小白菜、香菜等需氮较多的作物与需磷较多的豆类作物再与需钾较多的根菜类作物进行轮作，可使土壤营养能被充分吸收利用，而不流失、浪费。②选择深根系和浅根系的作物进行轮作，将瓜类、豆类、茄类作物和浅根系的白菜、葱、蒜类作物进行轮作，可使土壤各层次营养被充分吸收利用。③选择感染不同病害的各类作物进行轮作，使前茬作物残留的虫卵、病菌等病原物因失去寄主。④选择偏酸性和偏碱性的各类作物进行轮作，通过作物调节土壤的酸碱度，从而使土壤酸碱程度保持适中，为作物生长创造良好的环境。⑤根据不同病原虫卵存活年限进行轮作，如白菜、芹菜、茴子白、葱、蒜等作物，可间隔 1~2 年。马铃薯、黄瓜、辣椒等需间隔 2~3 年，需间隔 3~4 年的作物有番茄、茄子、黄瓜、豌豆等，西瓜的间隔年限最长，需要 5~7 年。

5. 合理施肥　施肥要以施用有机肥料为主、施用化肥为辅的原则进行，增施有机肥在改善土壤结构、增强蓄水、保肥、透气和调节温度的同时，还能增加土壤的有机质和氮、磷、钾及微量元素的含量，从而提高土壤的肥力和肥效，减少化肥流失，中和土壤的酸碱度，还可以消除农药残毒的污染，促进作物光合作用，提高农产品品质。所以一般都以有机肥料做基肥，一般每亩施 1 000~1 500 千克，化肥用量要以种植作物的种类和土壤所含各类养分，如速效氮、磷、钾的多少确定。因此，在施用有机肥料的基础上，提倡测土配方施肥。追肥一般以化学肥料为主，施肥总原则是：控氮、稳磷、增钾。在施肥的过程中，还要根据种植作物的种类、所追求的产量标准和苗情长相等进行增施和补施追肥。

6. 换根嫁接　对结果类的蔬菜可以采用换根嫁接的方法消除连作障碍。换根嫁接就是把蔬菜苗嫁接到与其有较强亲和力且根系发达、抗病性和抗逆性较强的植物品种上，这个植物品种就是砧木。培养嫁接苗的土壤要选无病菌毒、有机质含量高且肥力条件好的土壤。同时要进行严格的药剂消毒。方法可采用靠接法、插接法和劈接法。嫁接苗移栽时接口要高出地表，不能让嫁接苗的接口和接穗与土壤接触，以免植株再次感染土传病害。

第二节　设施蔬菜病虫害绿色防控

一、瓜类蔬菜病害防治

（一）黄瓜病害

1. 黄瓜霜霉病

（1）危害症状。该病在苗期、成株期均可发病。主要危害叶片。叶片被害初期出现水渍状的斑点，早晨尤为明显，病斑逐渐扩大，受叶脉限制，呈多角形淡褐色或黄褐色斑块，湿度大时叶背面或叶面长出灰黑色霉层，即病菌孢囊梗及孢子囊。后期严重时，病斑破裂或连片，叶缘卷缩干枯，严重的地块一片枯黄，俗称"跑马干""黑毛"。

（2）防控措施

①选用抗病品种。如津研、津杂、津春系列黄瓜品种，均较抗此病害。

②高温闷棚法。闷棚时必须注意温度与湿度的关系，闷棚前先浇水，然后闷棚升温至 45℃，时间 2 小时内。闷棚过程中要注意控制好温度，温度过高黄瓜

植株受害，温度过低达不到杀菌的效果。

③生态防治。实行四段管理，一般上午棚温可控制在 25～28℃，最高不超过 32℃，相对湿度降低到 70%，下午温度降至 18～25℃，相对湿度降至 60%～70%。夜间温度上半夜控制在 15～18℃，下半夜最好控制在 12～13℃，既可满足黄瓜生长发育需要，又可有效地控制霜霉病的发生。

④药剂防治。烟熏法。在发病初期，每亩用 45% 百菌清烟剂 200 克，分放在棚内 4～5 处，用暗火点燃，闭棚熏 4～6 小时后通风换气，隔 5～7 天再熏 1 次，可连续进行 2～3 次。

粉尘法。于发病初期傍晚用喷粉器喷撒 5% 百菌清粉尘剂或 10% 多百粉尘剂或 10% 防霜灵粉尘剂每亩每次 1 千克，隔 9～11 天喷 1 次。

喷雾法。发现中心病株后可选用 70% 乙铝·锰锌可湿性粉剂 500 倍液；72.2% 霜霉威水剂 800 倍液；58% 甲霜·锰锌可湿性粉剂 500 倍液，隔 7～10 天用药 1 次。

2. 黄瓜白粉病

（1）*危害症状*。该病主要发生在叶片上，其次危害叶柄和茎，一般不危害果实。发病初期，在叶正面和背面及幼茎上产生白色近圆形的小粉斑，以叶正面为最多，然后向四周扩展，成为边缘不明显的连片的白粉斑。严重时，整个叶片布满白粉，俗称"白毛"。白色粉状物就是寄生在寄主表面的菌丝、分生孢子梗及分生孢子。叶背面也长粉斑，常由叶缘沿叶脉向内扩展蔓延。白粉病一般从植株下部叶片向上部叶片发展。

（2）*防控措施*

①加强棚室消毒。在定植前采用硫黄粉杀菌，每 100 米^2 用硫黄粉 250 克，锯末 500 克，点燃密闭熏蒸 1 夜，次日打开门窗通风。

②药剂防控。发病初期，可喷 20% 粉锈宁乳剂 1 000 倍液，或 40% 多硫胶悬剂 800 倍液，或 45% 硫黄胶悬剂 500 倍液，每隔 10～15 天喷 1 次，连喷两次。可轮换使用农药，提高防治效果。

3. 黄瓜细菌性角斑病

（1）*危害症状*。在叶片上最初产生水渍状淡褐色的病斑。后期病斑中间干枯、脱落、形成穿孔。在叶背面病斑受叶脉的限制，呈多角形。当空气潮湿时出现白色的细菌黏液。此病害容易和霜霉病混淆，两者最大区别在于霜霉病病斑大，后期不穿孔。

（2）*防控措施*

①种子消毒。播种前用 100 万单位硫酸链霉素 500 倍液浸种 2 小时，捞出种

子再在清水中浸泡 3 小时后催芽播种。

②药剂防控。46％氢氧化铜 1 000 倍液、30％DT 杀菌剂 500 倍液、50％代森铵 1 000 倍液喷雾防治；5％百菌清粉尘剂，每亩每次用药 1 千克。药液要喷洒均匀，以提高防治效果。

4. 黄瓜炭疽病

（1）危害症状。在黄瓜整个生长期都可以感染炭疽病。幼苗发病，子叶边缘出现褐色圆形或半圆形病斑，近地面茎基部变为黑褐色，病斑逐渐缢缩，瓜苗猝倒。成株期发病，叶片上初期为水渍状近圆形褐色病斑，几个病斑很快连在一起，呈不规则的大病斑，变为红褐色，上面轮生许多小黑点，空气潮湿时出现粉红色黏稠物，空气干燥时开裂穿孔脱落；茎和叶柄上的病斑为椭圆形、梭形、深褐色，稍凹陷；果实的病斑为圆形，褐色，稍凹陷，中部开裂，后期有粉红色的黏稠物。

（2）防控措施

①轮作。与非瓜类作物实行 3 年以上轮作。

②生态防治。采取通风排湿，使棚内湿度保持在 70％以下，可减少叶面结露和吐水，抑制病害发生。

③药剂防治。常用药剂有 45％百菌清烟剂，每亩每次 300 克，每隔 7～10 天熏 1 次。也可于傍晚喷洒克霉灵粉尘剂或 5％百菌清粉尘剂，每亩每次 1 千克，每隔 7 天喷 1 次。

5. 黄瓜枯萎病

（1）危害症状。黄瓜整个生长期都能发生枯萎病，以结瓜期发病最多，感病植株生长缓慢，由下而上出现典型的萎蔫状。发病初期下部叶片的叶脉褪绿，出现网状鲜黄色病斑，并逐渐向上部叶片蔓延。植株白天萎蔫，夜间恢复正常，后期病株全部叶片萎蔫下垂，似缺水状。病株茎中下部表皮干枯纵裂，潮湿时产生粉红色霉层，并流出琥珀色胶质物。纵切根部可见维管束变褐色。从发病到全株枯死 5～10 天。

（2）防控措施

①选用抗病品种。津杂及津春系列品种对枯萎病有较高抗性。

②轮作。与非瓜类作物轮作。但由于病菌在土壤内存活时间较长，只能缓解或减轻枯萎病的发生。

③无病土育苗。用新土或消毒土壤作营养钵育苗，对预防枯萎病发生有一定的作用。

④嫁接防控。把黄瓜嫁接在南瓜上，利用南瓜的根系对枯萎病菌高抗或者免

疫的防病特性。

⑤药剂防控。播种前对发病严重的地块进行药剂处理，可用多菌灵或敌克松以1：50配成药土，按每亩用药2～2.5千克处理土壤。发病初期可用甲基硫菌灵500倍液或70%敌克松1 000倍液在植株病根周围浇灌，每株使用药液250毫升，每隔7天灌根1次，连灌3次。或用高锰酸钾800～1 500倍液，每隔7天灌1次，连灌3次，每次每株灌根1次100毫升。或用敌克松原粉10克与200克面粉调配成糊状，涂于病株茎基部，防病效果甚佳。

6. 黄瓜疫病

（1）危害症状。黄瓜整个生育期均可染病，保护地栽培主要危害茎基部、叶及果实。苗期得病多从嫩尖开始，初呈暗绿色、水渍状萎蔫，逐渐干枯呈秃尖状，不倒伏。叶片染病，出现圆形的暗绿色小斑点，或是不规则的水渍状的大病斑，边缘不明显，空气湿度大时全叶腐烂；成株期以茎基部发病较多，呈暗绿色、水渍状，病部明显缢缩，其上部叶片逐渐萎蔫，很快全株枯死；果实染病，多从花蒂部发病，病斑暗绿色、水渍状、近圆形，凹陷，瓜条皱缩表面有灰白色的霉状物。黄瓜疫病与枯萎病最大区别在于茎基部维管束不变色。

（2）防控措施

①选抗病、耐病品种。如津杂系列的津杂3号、4号，及津春系列品种。

②嫁接防病。可用专用南瓜砧木与黄瓜嫁接，同时防治疫病和枯萎病。

③土壤消毒。定植前用25%甲霜灵可湿性粉剂750倍液喷洒地面。

④药剂防控。发现病株后立即拔掉深埋并及时用药，所用药剂与防治霜霉病药剂相同。喷洒或浇灌70%乙铝·锰锌可湿性粉剂500倍液；72.2%霜霉威水剂600～700倍液；58%甲霜·锰锌可湿性粉剂500倍液；64%杀毒矾可湿性粉剂500倍液；50%甲霜铜可湿性粉剂600倍液或25%甲霜灵可湿性粉剂800倍液加40%福美双可湿性粉剂800倍液灌根，每隔7～10天1次，病情严重时可缩短至5天，连续防治3次。

7. 黄瓜灰霉病

（1）危害症状。黄瓜灰霉病主要危害幼瓜、叶、茎。病菌多从开败的雌花侵入，致使花瓣腐烂，并长出淡灰褐色的霉层，进而向幼瓜扩展，瓜顶部呈水渍状；腐烂，表面密生霉层。较大的瓜被害时，组织先变黄并生灰霉，后霉层变为淡灰色，被害瓜受害部位停止生长、腐烂或脱落。叶片一般由腐烂花或病叶附着而引起发病，形成近圆形或不规则形、边缘明显的大病斑，表面着生少量灰霉。腐烂的瓜或花附着在茎上时，能引起茎部的腐烂。

（2）防控措施

①加强栽培管理。控制设施内环境湿度，加强通风换气。发病初期及时摘除病花、病叶以减少再侵染病原。

②药剂防控。烟熏法，可用 10％速可灵烟剂或 45％百菌清烟剂，每亩每次用药 250 克，3～4 小时。粉尘法，在傍晚喷洒 5％百菌清粉尘剂或 10％杀霉灵粉尘剂，每亩每次用药 1 千克。

喷雾法。发病初期喷 5％速克灵可湿性粉剂 2 000 倍液，或喷 50％异菌脲可湿性粉剂。适用于苗期喷药防农药 75％百菌清 1 000 倍液喷雾，可防治猝倒病、灰霉病和疫病；70％甲基硫菌灵喷雾，可防治枯萎病、霜霉病或灰霉病等。

8. 根结线虫

（1）危害症状。大部分蔬菜均可感染根结线虫。线虫仅危害根部，侧根或须根最易感病，受害部分产生大小不等的瘤状物或根结，剖视内部，可见病组织中有白色细小梨状雌虫和线状雄虫，根瘤或根结部上端往往产生细小新根，被线虫侵入肿大。病重株地上部分生长势衰减、植株矮化，似缺水缺肥状，叶片较淡，严重时叶片黄化，不结果或结果少。

（2）防控措施

①忌重茬连作，与禾本科作物或葱、韭、辣椒等实行 3 年以上的轮作或水旱轮作。

②选用无病土育苗。

③有机肥要充分腐熟。

④夏季炎热季节，翻耕浇灌覆膜，晒 5～7 天，使膜下 20～25 厘米土层温度升高至 45～48℃甚至 50℃，利用高温杀死线虫。收获后，大水浸淹 1 个月，可杀灭线虫。

⑤选用阿维菌素等低毒农药进行土壤处理或灌根。

（二）西葫芦病害

1. 西葫芦病毒病

（1）症状在西葫芦整个生育期均可发病，主要危害叶片和果实。发病时叶上有深绿色病斑，重病株上部叶片畸形、变小，后期叶片黄枯，病株结瓜少或不结瓜，瓜面呈瘤状突起或畸形。

（2）防控措施

①农业措施。及时清洁田园，铲除杂草，培育壮苗。

②药剂防控。苗期喷施 83 增抗剂 100 倍液，提高幼苗对病毒的抗性；发病初期喷施 1.5％植病灵乳剂 1 000 倍液或 20％病毒 A 可湿性粉剂 500 倍液，隔 10

天喷 1 次，连喷 3 次。

2. 西葫芦白粉病　发病症状、规律及防治方法参照黄瓜白粉病。

3. 西葫芦灰霉病　发病症状、规律及防治方法参照黄瓜灰霉病。

（三）西瓜病害

1. 病毒病　西瓜病毒病主要以花叶型、蕨叶型、条斑坏死型为主。

（1）危害症状。花叶型的症状主要是叶子上有黄绿相间的花斑，叶形不整，叶面凹凸不平，新生叶畸形，严重时病蔓细长衰弱，节间缩短，花发育不良，瓜畸形。蕨叶型（即矮化型）的症状，主要表现为心叶黄化，叶型变小，叶缘反卷，皱缩扭曲，叶肉缺失，仅残存于主脉两侧，呈蕨叶状。病株的花发育不良，难于坐果，即使坐果也发育不良，而成为畸形瓜。条斑坏死型，植株矮缩，叶片黄化，茎蔓上出现条状坏死斑块，呈干腐状；果实上出现瘤突，严重时出现条状坏死斑块，果实不能食用。

（2）防控措施。参照西葫芦病毒病防治措施。

2. 枯萎病　发病症状、规律及防治方法参照黄瓜枯萎病。

3. 炭疽病　炭疽病可以危害西瓜叶、茎蔓及果实，整个生育期均能发生，但是在幼瓜坐住后发病较重。

（1）危害症状。苗期子叶受害多在边缘形成圆形或半圆形褐色斑，病斑边缘有黄色晕圈；下胚轴常于近地表处受害，形成梭形黑褐色凹陷斑块，严重时造成幼苗猝倒。叶片受害初时出现水渍状淡黄色圆形斑，后变褐色，有时有轮纹，病斑易穿孔。叶柄或瓜蔓受害，形成椭圆形或梭形稍凹陷病斑，初为水渍状黄褐色，后变成黑褐色。果实发病，初呈水渍状圆形淡黄色小斑点，后扩展为圆形或椭圆形黑色或紫黑色凹陷斑，湿度大时，病斑上流出红色黏稠物质。严重时造成果实腐烂。

（2）防控措施。参考黄瓜炭疽病。

二、茄果类蔬菜病害防治

（一）番茄病害

1. 番茄晚疫病

（1）危害症状。危害番茄的叶片、叶柄、嫩茎和果实。多由下部叶片先发病，从叶尖、叶缘开始，病斑初为暗绿色水渍状，渐变为暗绿色，潮湿时在病处长出稀疏的白色霉层。茎部受害，病斑由水渍状变为暗褐色不规则形或条状病斑，稍凹陷，组织变软；嫩茎被害可造成缢缩枯死，潮湿时长出白色霉层。果实发病多在青果近果柄处，果皮出现灰绿色不规则形病斑，逐渐向四周下端扩展呈云纹状，边缘没有明显界限，果皮表面粗糙，颜色加深呈暗棕褐色，潮湿时亦长出白色霉层。

（2）防控措施

①农业措施。采用高畦深沟覆盖地膜种植，及时中耕除草及整枝绑架，合理密植，增加透光，采用小水勤浇，温室要勤通风，降低棚内湿度，增施优质有机肥及磷钾肥，增强植株抗性。

②药剂防控。在苗期开始注意喷药防病，一般采用64%杀毒矾可湿性粉剂（或大生M-45可湿性粉剂）500倍液每7～10天喷施；58%雷多米尔锰锌可湿性粉剂500倍液或者72.2%霜霉威水剂800倍液喷雾，每7～10天一次，连续4～5次。及时发现和拔除中心病株。另外，采用杀毒矾混小米粥1∶（20～30）均匀涂抹病秆部位，防治效果非常好。

2. 番茄早疫病

（1）危害症状。该病主要危害番茄的叶片和果实。叶片先被害，初呈暗褐色小斑点，扩大呈圆形或椭圆形，直径达1～3厘米的病斑，边缘深褐色，中心灰褐色，有同心轮纹，后期病斑有时有破裂。潮湿时在病处长出黑色霉状物；茎部受害，多在分枝处发生呈灰褐色、椭圆形，稍凹陷。有轮纹不明显。严重时造成断枝。果实受害多在果蒂附近裂缝处，呈褐色或黑褐色，稍凹陷，在同心轮纹上长出黑色霉状物。

（2）防控措施

①农业措施。选用抗病品种（日本8号、荷兰5号、粤农2号等）；与非茄科蔬菜轮作3年以上；选用无病种子；加强栽培管理；及时中耕除草和整枝绑架，薄膜覆盖保护栽培应特别注意通风降湿；增施优质有机肥及磷钾肥，增强植株抗性。

②药剂防控。发病初期用80%代森锰锌可湿性粉剂500倍液，或64%杀毒矾可湿性粉剂400～500倍液，40%抑霉灵加40%灭菌丹（1∶1）1 000倍液交替使用，每5～7天一次，连喷3～4次。

3. 番茄病毒病

（1）危害症状。该病症状有3种类型。

①花叶病。有两种情况，叶片上引起轻微花叶或微显斑驳，植株不矮化、叶片不变形，对产量影响不大；叶片上有明显的花叶，叶片伸长狭窄，扭曲畸形，植株矮小，大量落花落果。

②条斑病。首先叶脉坏死或散布黑褐色油渍状坏死斑，然后顺叶柄蔓延至茎秆。暗绿色下陷的短条纹变为深褐色下陷的坏死条纹，逐渐蔓延扩大，以至病株

枯黄死亡。

③蕨叶病。叶片呈黄绿色，并直立上卷，叶背的叶脉出现淡紫色，植株簇生、矮化、细小。

（2）防控措施。参考西葫芦病毒病。

4. 番茄灰霉病

（1）危害症状。主要危害花和果实，叶片和茎亦可受害。幼苗受害后，叶片和叶柄上产生水渍状腐烂后干枯，表面生灰霉。严重时，扩展到幼茎上，产生灰黑色病斑腐烂、长霉、折断，造成大量死苗。成株受害，叶片上患部呈现水渍状大型灰褐色病斑，潮湿时，病部长灰霉，干燥时病斑灰白色。稍见轮纹。花和果实受害时病部呈现灰白色水渍状、发软，最后腐烂，表面长满灰白色浓密霉层（病菌分生孢梗及分生孢子），即为本病病征。

（2）防控措施。参考黄瓜灰霉病。

（二）茄子病害

1. 茄子褐纹病

（1）危害症状。主要危害茄子叶、茎及果实。叶片初生白色小点，扩大后呈近圆形至多角形斑，有轮纹，生大量黑点；果实染病，表面生圆形或椭圆形凹陷斑，淡褐色至深褐色，上生许多黑色小粒点，排列成轮纹状，病斑不断扩大，可达整个果实。后期呈干腐状僵果。

（2）防控措施

①农业措施。实行2～3年以上轮作，同时选用抗病品种。加强栽培管理，培育壮苗。施足基肥、促进早长早发。把茄子的采收盛期提前在病害流行季节之前可有效防治此病。

②药剂防控。结果后开始喷洒75%百菌清可湿性粉剂600倍液、50%多菌灵可湿性粉剂800倍液或1∶1∶200倍波尔多液，视天气和病情隔10天左右喷洒1次，连续防治2～3次。

2. 茄子黄萎病

（1）危害症状。田间发病一般在门茄坐果后开始表现症状，且多由下部叶片先出现，而后向上发展或从一侧向全株发展。发病初期先从叶片边缘及叶脉间变黄，逐渐发展至半边叶片或整个叶片变黄，病叶在干旱或晴天高温时呈萎蔫状，早晚尚可恢复，后期病叶由黄变褐，有时叶缘向上卷曲、萎蔫下垂或脱落，严重时叶片仅剩茎秆。

（2）防控措施

①农业措施。选用耐病品种，实行种子检疫制度，并在无病区设立留种田或

从无病株上留种。栽培时尽量选用较耐病的品种并进行种子消毒，杀死种子表面病菌。用托鲁巴姆、番茄、赤茄、颠茄等做砧木嫁接，可以防止黄萎病发生。

②药剂防控。黄萎病可用 30%DT 乳剂 350 倍液灌根，或用抗枯宁 100～300 倍液灌根。

3. 茄子绵疫病

（1）危害症状。主要危害果实，也能侵染幼苗叶、花器、嫩枝、茎等部位。幼苗发病，则使幼茎呈水渍状，幼苗腐烂猝倒死亡。果实发病，多从近地面的果实先发病，初期果实腰部或脐部出现水渍状圆形病斑，后扩大呈黄褐色至暗褐色，稍凹陷半软腐状。田间湿度大时，病部表面生一层白色棉絮状霉状物。当病部扩展到果实表面一半左右时，病果易脱落。幼果发病，病果呈半软腐状，果面遍布白色霉层，后干缩成僵果挂在株上不脱落。叶片发病，多从叶缘或叶尖开始，初期病斑呈水渍状、褐色、不规则形，常有明显的轮纹。潮湿条件下病斑扩展迅速，形成无明显边缘的大片枯死斑，病部生有白色霉层。干燥时病斑边缘明显，叶片干枯破裂。嫩枝感病多从分枝处或由花梗及果梗处发生，病斑初呈水渍状，后变褐色乃至折断，上部枝叶萎蔫枯死。

（2）防控措施。参考番茄晚疫病。

（三）辣椒病害

1. 辣椒病毒病

（1）危害症状。该病症状表现为 4 种。

①坏死型。现蕾初期发病，嫩叶脱落，有时叶花果全部坏死，一晃植株，全部脱落。

②花叶型。嫩叶叶片上出现轻微黄绿相间斑驳，植株不矮化，叶片不变形，对产量影响不大；重型花叶还表现叶片凸凹不平，凸起部分呈泡状，叶片畸形，植株矮小，大量落花落果。

③丛枝型。植株矮小、节间变短，叶片狭小，小枝丛生，不落叶，但不结果。

④黄化型。叶片自下而上逐渐变黄，落叶、落果。

（2）防控措施。参考西葫芦病毒病。

2. 辣椒疫病

（1）危害症状。茎、叶及果实均可发病。幼苗染病茎基部呈暗绿色水渍状软腐，致使上部倒伏。叶片染病，出现暗绿色病斑，叶片软腐易脱落；成株期茎和果实染病，呈暗绿色病斑，引起倒伏和软腐。潮湿时，病斑上出现白色的霉状物。

（2）防控措施。参考黄瓜疫病。

三、葱蒜类蔬菜病害防治

（一）韭菜病害

1. 韭菜灰霉病

（1）危害症状。该病主要危害叶片。发病初期在叶上部散生白色至浅灰褐色小点，叶正面多于叶背面，由叶尖向下发生，病斑扩大后成梭形或椭圆形。潮湿时，病斑表面产生稀疏的霉层，收割后，从刀口处向下腐烂，初呈水渍状，后变绿色，病斑多呈半圆形或"V"形，并向下延伸2～3厘米，呈黄褐色，表面产生灰褐色或灰绿色霉层。距地面较近的叶片，呈水渍状深绿色软腐。

（2）防控措施。参考黄瓜灰霉病。

2. 韭菜疫病

（1）危害症状。根茎、叶和花薹均可发病，以根茎受害最重。叶片和花薹多从下部开始染病，染病初期呈暗绿色水渍状病斑，当病斑蔓延扩展到叶片的1/2左右时，全叶变黄下垂，病斑软腐并产生灰白色霉状物。根茎受害，呈水渍状褐色软腐，叶鞘脱落，植株停止生长或枯死，湿度大时，长出灰白色霉层，韭菜叶腐烂。

（2）防控措施。参考番茄晚疫病。

（二）大葱病害

大葱病害主要为霜霉病。

1. 危害症状　发病始于外叶中部或叶尖，很快向上、向下、向心叶发展。鳞茎受害后长出的病叶为灰绿色，发病严重的叶片扭曲畸形、枯黄矮缩、变肥增厚。湿度大时病株表面遍生灰白色绒霉，无明显单个病斑，这是该病的重要特征，也是鉴别该病的重要依据。中上部叶片受害时，在干旱的情况下，病部以上组织逐渐干枯下垂，易从病部折断枯死。在潮湿的情况下，病叶易腐烂。中下部叶片发病时，病部上方叶片下垂干枯，病害迅速蔓延，叶片似开水烫伤，随后枯黄凋萎。假茎早期发病后，其上部生长不平衡，致使植株向被害一侧弯曲。假茎晚期发病后，病部易开裂，严重影响种子成熟。

2. 防控措施　参考黄瓜霜霉病。

四、白菜类蔬菜病害防治

（一）大白菜病害

1. 白菜霜霉病

（1）危害症状。幼苗及成株均可发生。主要危害叶片，初期叶背出现水渍状黄绿色斑点，后变成黄褐色、多角形。湿度大时，背面产生白色霉层。发病叶片干枯下卷，层层剥落，俗称"脱大褂"。

（2）防控措施。参考黄瓜霜霉病。

2. 白菜软腐病

（1）危害症状。一般在大白菜结球期发生。植株茎部水渍状腐烂，初期阳光照射叶片发生萎蔫，早晚可恢复。随着病情的发展，外叶萎蔫，叶球暴露，组织呈黏滑状腐烂，有恶臭。

（2）防控措施

①选抗病品种。一般青帮菜抗病性高于白帮菜。

②高畦栽培。增加田间通风透光性，降低田间湿度，减轻病害发生。

③合理浇灌。切忌大水漫灌。

④消灭地蛆。消灭地下害虫减少病菌侵入伤口。

⑤药剂防控。可以用农用链霉素、多抗霉素、新植霉素、春雷霉素等抗生素类药剂灌根防治；还可以使用氢氧化铜、DT、百菌通等药剂喷雾并灌根防治。

3. 白菜病毒病

（1）危害症状。整个生育期均可发生，以幼苗期最重。初期病苗心叶明脉，进而皱缩、花叶，有时叶脉上有褐色坏死斑点，或在叶脉上出现不定型坏死斑，植株枯萎、矮小，不能包心。

（2）防控措施。参考西葫芦病毒病。

（二）甘蓝病害

1. 黑腐病

（1）危害症状。苗期和生长期均可发生，发病形成"V"形黄褐色枯斑，边缘常有黄色晕环，叶斑从叶缘向内发展。有时叶脉变黑，严重时根茎发病皮层腐烂，维管束变黑干腐。

（2）防控措施

①农业防治。选择抗病品种；与非十字花科蔬菜进行 2～3 年轮作；菜田深翻晒土，深沟高畦，沟渠畅通，雨后及时排水，尽量降低田间湿度。合理密植，做好肥水管理，保持植株健康。及时清理田间残留物并进行无害化处理，减少初侵染源。

②药剂防控。发病初期用 77％氢氧化铜可湿性粉剂 500 倍液或 72％农用链霉素可溶性粉剂 4 000 倍液，连喷 2～3 次。安全间隔期 20 天。

2. 菌核病

（1）危害症状。苗期和生长期均可发生，苗期受害时，在叶片和茎基部产生水渍状病斑。后腐烂或猝倒，成株期茎基部、叶片或花球发病，初呈水渍状淡褐色病斑，后湿腐，长出白色菌丝，最后形成黑色菌核。3月常常因为感染菌核病而引起花球腐烂。

（2）防控措施

①农业防控。与禾本科作物轮作；及时清理田间残留物并进行无害化处理，减少初侵染源。菜田深翻晒土，深沟高畦，沟渠畅通，雨后及时排水，尽量降低田间湿度。

②药剂防控。用40％菌核净1 500～2 000倍液或50％腐霉剂1 000～1 200倍液，在病发生初期开始用药，连续防治2～3次。

五、常见设施蔬菜虫害防治技术

害虫绿色防控

设施蔬菜常见虫害有多种，目前，危害较为严重的有蚜虫、红蜘蛛、白粉虱、潜叶蝇、蓟马等。

1. 蚜虫

（1）危害症状。以成虫和若虫在叶背和嫩梢、嫩茎上吸食汁液。嫩叶及生长点受害，叶片卷缩，生长缓慢，叶片向背面卷曲皱缩，心叶生长受限，严重时植株停止生长，甚至全株萎蔫枯死。老叶受害虽不卷曲，但提前干枯，严重时影响生产，缩短结瓜期，造成明显减产。蚜虫危害时排出大量水分和蜜露，滴落在下部叶片上，引起霉菌病发生，使叶片生理机能受到障碍，减少干物质的积累。

（2）防控措施

①物理措施。用黄板诱杀。

②药剂防控。蚜虫多着生在心叶及叶背皱缩处，药剂难以全面喷到，所以，喷药时要周到细致，尽量选择兼有触杀、内吸、熏蒸三重作用的农药，如50％抗蚜威或25％溴氰菊酯3 000倍液，也可用80％敌敌畏乳油闭棚熏烟。

2. 红蜘蛛（朱砂叶螨）

（1）危害症状。红蜘蛛危害作物以成虫、若虫、幼螨以其刺吸口器群集在叶片背面吸食汁液，并结成丝网。初期叶面出现零星褪绿斑点，严重时白色小点布满叶片，使叶片变为灰白色，最后叶片干枯脱落，植株早衰，结瓜期缩短，造成减产。先危害下部叶片，而后从植株下部往上蔓延。

（2）防控措施

①农业措施。在整地时铲除田边杂草，清除残枝败叶，烧掉或深埋，消灭虫源和寄主。温室育苗或大棚定植前进行消毒，消灭病菌及害虫。天气干旱时，注意浇水。增加田间湿度，抑制其发育繁殖，红蜘蛛危害主要发生在植株生长后

期，因此后期田间管理不能放松。

②药剂防控。用2％阿维菌素1 000倍液，或20％灭扫利乳油2 000倍液，或25％灭螨猛可湿性粉剂1 000～1 500倍液喷雾防控。用1.8％农克螨乳油2 000倍液效果极好，持效期长，并且无药害。

3. 白粉虱

（1）危害症状。成、若虫群集在植物叶背面吸食汁液，并分泌蜜露，堆积在叶面和果实上，往往诱发霉污病，成虫有趋嫩性，一般多集中栖息在西葫芦秧上部嫩叶。被害叶片干枯，白粉虱分泌蜜露落在叶面及果实表面，诱发霉污病，妨碍叶片光合作用和呼吸作用，被害叶片褪绿、变黄，植株生长衰弱，甚至全株萎蔫死亡。

（2）防控措施

①农业措施。首先培育无虫苗，即冬春季育苗地块与生产地块分开，育苗前彻底熏杀残余虫口，清理杂草和残株。以及在通风口密封尼龙纱，控制外来虫源。其次，避免黄瓜、番茄、菜豆混栽。

②物理措施。白粉虱对黄色敏感，有强烈趋性，可在温室内设置黄板诱杀成虫。方法是利用废旧的纤维板或硬纸板，裁成1米×0.2米长条，用油漆涂成橙黄色，再涂上一层废机油，每亩设置20～30块，置于行间，摆布均匀，高度可与株高相同。当白粉虱粘满板面时，及时重涂废机油，一般7～10天重涂1次。

③生物防控。人工释放丽蚜小蜂，3～5头/株，每10天放1次，共放3～4次。小蜂将卵产在白粉虱的幼虫及蛹体内，白粉虱经9～10天即变黑死亡。也可人工释放草蛉，草蛉一生均可捕食白粉虱幼虫。

④药剂防控。用10％扑虱灵乳油1 000倍液对粉虱有特效；25％灭螨猛乳油（又叫甲基克杀螨）1 000倍液，对粉虱成虫、卵和若虫都有效；21％增效氰马乳油4 000倍液、2.5％联苯菊酯乳油3 000倍液可杀成虫、若虫、假蛹，但对卵的效果不明显。

4. 潜叶蝇

（1）危害症状。幼虫潜食叶片上下表皮之间的叶肉，形成隧道，隧道端部略膨大，随着虫体的增大，隧道也日益加粗，曲折迁回，形成花纹形灰白色条纹，有"绣花虫"之称，严重时在一个叶片内可有几十头幼虫，使全叶发白枯干。

（2）防控措施

①农业措施。果实采收后，清除植株残体沤肥或烧毁，深耕冬灌，减少越冬虫口基数。农家肥要充分发酵腐熟，以免招引种蝇产卵，减少虫源。

②药剂防控。由于幼虫是潜叶危害，所以用药必须抓住产卵盛期至孵化初期

的关键时期。可用21％增效氰马乳油8 000倍液；2.5％溴氰菊酯或20％氰戊菊酯3 000倍液；或98％杀螟丹2 000倍液，或2.5％高效氯氟氰菊酯1 000倍液，防治效果均较好。

5. 蓟马

（1）危害症状。主要危害葱、洋葱、大蒜、菠菜、瓜类、茄子、马铃薯、白菜等多种蔬菜。成虫和若虫以挫吸式口器危害心叶、嫩芽。被害叶形成许多细密的长形灰白色斑纹，叶尖枯黄，严重时叶片扭曲枯萎。

（2）防控措施

①农业措施。清除杂草，加强水肥管理，使植株生长旺盛，减轻受害。加强栽培管理，以减轻作物受害。早春清除田间杂草和残株落叶，可减少虫源。

②药剂防控。10％吡虫啉800倍液，或25％的噻虫嗪1 500倍液，或10％的虫螨腈1 000倍液，或2.5％阿维菌素1 000～1 500倍液喷雾防控。

小知识

农药增效剂

农药增效剂本身无生物活性，但与某种农药混用时，能大幅度提高农药药效的一类助剂的总称。它具有低的表面张力、良好的展着性、渗透性及乳化分散性等特性，是一种新型高效的农药助剂。常见的增效剂有有机硅聚氧乙烯醚化合物、吐温-80、烷基苯磺酸钠等。农药增效剂的使用，可以大大提高农药的效果，减少农药的用量，减轻农药对环境的污染，提高了农产品的安全性。

案例

1. 河北省馆陶县翟庄，是闻名全国的黄瓜小镇，那里的人们通过黄瓜种植，走上了富裕的道路。但是常年的黄瓜连茬栽培，使得土壤板结，结构破坏，病虫害和土壤次生盐渍化日益严重，为了克服这些栽培中的不良情况，采用生物秸秆反应堆技术使得土壤理化性质得到明显改善，病害明显减轻，黄瓜的品质也显著提高。

2. 白粉虱、红蜘蛛等是设施蔬菜生产中难防治的害虫，虽然防治这些害虫的新药剂不断出现，但连续使用后就会产生抗药性，防治效果明显降低。在河北工程大学洺关基地，利用阿维菌素加增效剂（吐温）后，对红蜘蛛和白粉虱的防治效果可以提升到85％。

思考与训练

1. 什么是连作障碍？常见的连作障碍有哪些？
2. 连作障碍产生的原因有哪些？如何克服连作障碍？
3. 黄瓜的主要病害有哪些？
4. 黄瓜霜霉病有哪些症状？如何防治？
5. 番茄病毒病发生的条件有哪些？如何防治番茄病毒病？
6. 嫁接可以防治哪些病害？
7. 防治细菌性病害一般使用哪些药剂？
8. 设施虫害主要有哪些？如何防治？

第八章

设施蔬菜生产经营管理

第一节 设施蔬菜生产基地建设

一、生产基地环境条件要求

1. 蔬菜产地环境空气质量（见表8-1）

表8-1 环境空气质量标准

项目	日平均指标	1小时平均指标
总悬浮颗粒物质（标准状态）	≤0.30毫克/米³	≤0.30毫克/米³
二氧化硫（标准状态）	≤0.15毫克/米³	≤0.5毫克/米³
氮氧化物（标准状态）	≤0.10毫克/米³	≤0.15毫克/米³
氟化物	≤5.0微克/米³	≤5.0微克/米³
铅（标准状态）	≤1.5毫克/米³	≤1.5毫克/米³

大气污染物的浓度也应有所控制（见表8-2）

表8-2 大气污染浓度限制值（毫克/升）

污染物	蔬菜类型	生长期	平均浓度	日平均浓度	采样蔬菜种类
二氧化硫	敏感类	0.05	0.15	0.5	瓜类、白菜、马铃薯
	中等敏感类	0.08	0.70	0.7	番茄、茄子、胡萝卜
	抗性蔬菜	0.12	0.80	0.8	甘蓝、蚕豆
氟化物	敏感类		1.0		甘蓝、菜豆
	中等敏感类		2.0		芹菜、花椰菜、大豆
	抗性蔬菜		4.5		番茄、辣椒、马铃薯

2. 蔬菜产地灌溉水质量（见表8-3、表8-4）

表8-3 灌溉水质量标准

项目	指标	项目	指标
氯化物	≤250毫克/升		
氰化物	≤0.5毫克/升	总镉	≤0.005毫克/升
氟化物	≤3.0毫克/升	总铬（六价）	≤0.1毫克/升
汞	≤0.001毫克/升	石油类	≤1.0毫克/升
总砷	≤0.05毫克/升	pH	5.5～8.5
总铅	≤0.1毫克/升	大肠杆菌	≤1 000个/升

表8-4 农田灌溉水质量标准

项目	一类	二类	项目	一类	二类
铜及化合物	≤1.0毫克/升	≤1.0毫克/升	氟化物	≤2.0毫克/升	≤3.0毫克/升
硒及化合物	≤0.02毫克/升	≤0.02毫克/升	挥发性酚	≤1.0毫克/升	≤1.0毫克/升
含盐量	≤1 000毫克/升	≤1 500毫克/升	石油类	≤5.0毫克/升	≤10毫克/升
氯化物	≤200毫克/升	≤200毫克/升	苯	≤2.5毫克/升	≤2.5毫克/升
硫化物	≤1.0毫克/升	≤1.0毫克/升	丙烯醛	≤0.5毫克/升	≤0.5毫克/升
汞及化合物	≤0.001毫克/升	≤0.001毫克/升	三氯乙醛	≤1.0毫克/升	≤1.0毫克/升
镉及化合物	≤0.002毫克/升	≤0.005毫克/升	硼	≤1.0毫克/升	≤1.0毫克/升
锌及化合物	≤2.0毫克/升	≤3.0毫克/升	大肠杆菌	≤1 000个/升	≤1 000个/升
六价铬及化合物	≤0.10毫克/升	≤0.5毫克/升	水温	35℃	35℃
铅及化合物	≤0.5毫克/升	≤1.0毫克/升	pH	5.5～8.5	5.5～8.5

3. 蔬菜产地土壤环境质量（见表8-5）

表8-5 土壤环境质量标准

项目	pH<6.5	pH 6.5～7.5	pH>7.5
总汞（毫克/千克）	0.3	0.5	1.0
总砷（毫克/千克）	40	30	25
铅（毫克/千克）	100	150	150
镉（毫克/千克）	0.3	0.3	0.6
六价铬（毫克/千克）	150	200	250
六六六（毫克/千克）	0.5	0.5	0.5
滴滴涕（毫克/千克）	0.5	0.5	0.5

4. "三无" 要求 无农药污染，杜绝使用高毒高残留广谱农药，大力推广高效低毒残留农药和生物农药，严格遵守施药安全间隔期等，残留量不超过国家规定标准。无肥料污染，基地要多施腐熟有机肥，提倡施用酵素菌泡制的堆肥和生物肥料，未腐熟的有机肥、氯肥、秸秆和未处理的垃圾不得入园，以免造成施肥污染。无 "三废" 污染，蔬菜生产基地无工业废水、废渣、废气等有害物质及有害病原微生物，有害物质残留不超标。

二、基地的合理建设与养护

1. 基地建设 尽可能建立旱涝保收的水利设施，日降雨 300 毫米能及时排出，百日无雨能灌溉。平整土地，适当连片和适度规模经营。有条件的地方，尽可能有一定的保护设施和采后处理及包装条件，运输方便，最好有冷藏条件。

2. 基地养护 在基地建立周年生产制度，根据周年生产制度中各作物在本基地条件下病虫草害发生的规律和施肥特点选择作物种类，控制投入品种类和施用总量，避免投入品对基地造成污染，也避免各茬作物投入品之间的负面作用。

第二节　蔬菜市场预测

市场预测对蔬菜经营效益有着决定性的影响，如何才能做出相对正确的预测呢？对蔬菜经营来说，由于所处环境的不同，生产者、经销者和市场管理者等获取信息的条件、方式和占有的信息量存在很大差别，所以市场预测的途径也不同，重点介绍 6 种市场预测途径。

1. 宏观信息分析 宏观信息是指在一个较大范围的市场上和较长时间内有关蔬菜生产、经营、消费的相关信息，如全国蔬菜的生产面积及年增减情况、国际市场蔬菜产品的年贸易总量及其变化、我国家庭蔬菜消费支出的演变趋势等。对这些宏观信息的分析可以帮助我们对未来大市场蔬菜供求的演变做出基本性预测。

2. 微观市场调查 微观市场是指具体范围内的蔬菜市场或一个具体蔬菜品种的供求市场。由于身临其境和直接的生产经营，这方面的市场信息我们可以通过相应的市场调查获取。微观市场调查可以帮助我们对当地蔬菜市场和自己生产经营的蔬菜品种的供求走势做出判断。

3. 媒体预测鉴别 媒体预测是指相关的专业性报纸、杂志、电视、网络等所发布的有关蔬菜市场未来一定时期发展走势的信息，或者是有关专业人士发表的相关蔬菜市场的分析文章。这类就综合信息分析加工后形成的市场认识是帮助我们对未来蔬菜市场进行判断的有效而简捷的途径。但是，由于现实媒体平台的良莠不齐和分析者主观偏差等原因，所以要对这类预测信息进行甄别。

4. 同行言行观察　语言和行为是人们内在思想的外在表现，通过对蔬菜从业同行言行有目的地观察，获取有关蔬菜市场未来走势的相关信息。由于有一定的竞争关系，一些蔬菜生产经营者对未来市场的一些真实认识并不一定会完全通过语言流露，但其行为的特点肯定会表露出真实的思想。

5. 种子销量跟踪　种子销售量决定蔬菜的生产量，因此学会对种子销量及销售方向的调查和跟踪，也会帮助我们对未来市场某类蔬菜的生产情况做出相应的判断。如某一品类蔬菜种子的销售量在当地突然增大或不正常地减少，说明该类蔬菜下一轮的生产可能出现规模急剧扩大或大幅减少的情况。

6. 行情曲线利用　蔬菜的行情曲线是该类蔬菜市场供求形势的基本反映，一般常用的是年行情曲线。通过蔬菜的年行情曲线不仅可以看到某一类蔬菜一个年度的行情变化，而且通过连续叠加的几年行情曲线，可以看到近年该类蔬菜年际间行情演变的趋势，并利用"年际行情差异化"特点推断翌年该类蔬菜可能的供求走势。

第三节　设施蔬菜生产计划制定

一、市场调研

市场调研主要内容包括市场需求和变化趋势的调研，市场环境调研等方面。

1. 市场需求和变化趋势的调研

（1）蔬菜的需求和消费信息指在市场交易中直接反映出的蔬菜需求方面的信息，如城乡居民收入水平、消费者购买力、潜在购买力和集团购买力等状况；城乡各类家庭对各类蔬菜的消费偏好，需求量，需求变化，消费倾向，消费的地区差异、季节差异；购买动机、行为和习惯、销售方式和时间等。

（2）蔬菜供给和货源信息主要指市场交易中直接反映出的蔬菜供应状况的信息，如货源的分布、结构、潜力、生产的变化和供应能力，蔬菜的产量、质量、品种等级、商标、包装等。

（3）营销环境及生产环境信息主要指国家和地方政府影响蔬菜生产和营销的方针政策、经济政策和金融政策等。

2. 市场环境调研

(1) 供求关系与价格信息是反映和影响价格变化的信息，如不同地区、不同品种、不同时段供应和需求平衡关系，是供求平衡，还是供不应求、供过于求；不同地区、不同品种、不同时段的零售价、批发价以及各种差价、比价等。

(2) 生产信息包括生产资料信息和生产技术信息等。生产资料信息包括各种生产资料的使用效果、使用方法、价格、供求情况等信息。生产技术信息包括良种方面的信息（如新优品种的产量、质量、栽培条件、价格、产地等），先进的生产技术信息、气象信息等。

(3) 销售渠道和销售信息主要包括运输路线、工具、费用、销售渠道、销售费用、销售方法。销售效果、贮藏条件、贮藏时间、销售状况等。

(4) 市场竞争信息同行业内部的竞争情况，如竞争对手的数量、规模、经济实力、经营管理水平，竞争产品的品质、价格、包装、信息服务、产地环境等信息。

二、设施蔬菜栽培计划

1. 种植计划 主要指一、二年生园艺作物或短季节栽培的园艺作物的播种和栽培时间安排。种植计划的主要依据是产品消费市场的信息，特别是市场价格变化信息或供求关系的信息。依照这些信息，决定某种或多种作物的播种时间、种植面积和所占比例，并由此修订连锁性的一些生产计划。

2. 技术管理计划 技术管理的内容包括：技术措施项目与程序、技术革新、科研和新技术推广、制定技术规程与标准、产品采收标准与日程安排、生产设备运行与养护、技术管理制度等。这些内容也可以按施肥、灌溉、植株管理、产品器官管理、采收等生产环节做计划。因此技术管理及计划的制定，应依据播种计划，并参照自然条件、资源状况的变化而相应的修改。

3. 采收及采后管理计划 采收及采后管理计划的主要内容和依据是：①种、品种作物的采收时间、采收量，应按生产单位来落实。依年度播种和移栽计划与技术管理计划而定。②每种、品种作物采后的分级、立即上市或就地贮藏的计划；按市场需要情况提早制定计划，并做两种或几种准备，如早春菠菜，上市时间早晚可能相差 20 天。产品需贮藏的，应有一定贮藏保鲜条件。③采收劳力、物力的安排计划。有些蔬菜、瓜类，特别是其中的某些品种，如果栽培量大，成熟期又比较集中，采收工作量很大，应预先有计划调度人力、物力，做好采收和采后处理。④各种采收必需的物资、运输工具计划。例如菜篮、包装用的筐、箱、包、袋、纸袋、纸片、扎捆绳、薄膜袋等；田间运输小车、分级包装场所，甚至包装分级的台秤、计数器等等；运输工具，特别是急需上市、远销的产品，必须有落实的车辆运输，甚至定好火车、飞机班次等。

4. 其他几项生产计划　物资供应计划（肥料、农药、水电煤动力保障、车辆等）、劳力及人员管理计划（应包括技术培训、技术考核等）、财务计划（包括各项收支计划、成本核算等）等，这些都是重要的，应当与前面所涉及的计划一样，要制定得全面、详尽和具可操作性。

第四节　设施蔬菜效益核算

一、设施蔬菜成本核算

1. 蔬菜生产成本核算的原始记录　主要是用工记录、材料消耗记录、机械作业记录、运输费用记录、管理费用记录、产品产量记录、销售记录等。此外，还需对蔬菜生产中的物质消耗和人工消耗制订必要的定额制度，以便控制生产耗费，如人工、机械等作业定额，种子、化肥、农药、燃料等原材料消耗定额，小农具购置费、修理费、管理费等费用定额。

2. 蔬菜生产中物质费用的核算

（1）种子费外购种子或调换的良种按实际支出金额计算，自产留用的种子按中等收购价格计算。

（2）肥料费商品化肥或外购农家肥按购买价加运杂费计价，种植的绿肥按其种子和肥料消耗费计价，自备农家肥按规定的分等级单价和实际施用量计算。

（3）农药费按照蔬菜生产过程中实际使用量计价。

（4）设施费根据设施蔬菜种植使用的大棚、中小拱棚、棚膜、地膜、防虫网、遮阳网等设施，实际使用情况计价。对于多年使用的大棚、防虫网、遮阳网等设施要进行折旧，一次性的地膜等可以一次计算。折旧费可按以下公式计算：

折旧费＝（物品的原值－物品的残值）×本种植项目使用年限/折旧年限。

（5）机械作业费根据雇人操作或租用农机具作业所支付的金额计算。如用自备农机具作业的，应按实际支付的油料费、修理费、机器折旧费等费用，折算出每平方米支付金额，再按蔬菜面积计入成本。

（6）排灌作业费按蔬菜实际排灌的面积、次数和实际收费金额计算。

（7）畜力作业费是使用了牲畜进行耕耙，应按实际支出费用计算。

（8）管理费和其他支出管理费种植户为组织与管理蔬菜生产而支出的费用，如差旅费、邮电费、调研费、办公用品费等。承包费也应列入管理费核算。其他支出如运输费用、贷款利息、包装费用、租金支出、建造栽培设施费用等也要如实入账登记。

物质费用＝种子费＋肥料费＋农药费＋设施费＋机械作业费＋排灌作业费＋管理费＋其他支出。

3. 蔬菜生产中人工费用的核算 我国的设施蔬菜生产仍是劳动密集型产业，以手工劳动为主，因此雇佣工人费用在蔬菜产品的成本中占有较大比重。人工消耗折算成货币比较复杂，种植户可视实际情况计算雇工人员的工资支出，同时也要把自己的人工消耗计算进去。

4. 蔬菜产品的成本核算

生产总成本＝物质费用＋人工费用

单位面积成本＝生产总成本/种植面积。

单位质量成本＝（生产总成本－副产品的价值）/总产量

为做好成本核算，蔬菜种植者应在做好生产经营档案的基础上，把种植过程中发生的各项成本详细计入，并养成良好的习惯，为以后设施蔬菜生产管理提供借鉴经验。

二、设施蔬菜收入核算

设施蔬菜栽培主要有春提早、秋延后及越冬、越夏栽培等形式，经济效益显著高于露地生产，设施蔬菜收入主要是指单位时间内种植蔬菜所能够产生的所有经济收入，它与单位时间内所种植的蔬菜作物种类、品种以及茬次有关，同时，设施蔬菜收入也与蔬菜市场供求关系有关。

三、设施蔬菜经济效益核算

1. 种植产量估算 包括市场销售部分产量、食用部分、留种部分、机械损伤部分四个方面。

2. 产品价格估算 产品价格估算比较容易出现误差。产品价格受到市场供求关系的制约，另一方面蔬菜商品档次不同，价格也不同。产品价格估算要根据自己生产销售和市场的情况，估算出一个尽量准确的平均价格。

3. 成本的构成和核算 蔬菜种植中的主要成本，包括种子投入、农药肥料投入、土地投入、大棚农膜设施投入、水电投入等物质费用和人工活劳动力的投入。成本核算时要全面考虑，才能比较准确地估算。

4. 费用估算 是指在蔬菜生产经营活动中发生一些费用，比如信息费、通信费、运输费、包装费、贮藏费等均应计入成本。

5. 损耗的估算　主要指蔬菜采收、销售和储藏过程中发生的损耗，不能忽略损耗对效益的影响。

第五节　设施蔬菜营销

一、市场分析

近年来，随着我国蔬菜产业的迅速发展，蔬菜生产不仅满足了国内市场的需求，而且扩大了出口量，已成为农业和农村经济发展的支柱产业，在保障市场供应、增加农民收入、扩大劳动就业、拓展出口贸易等方面发挥了重要的作用。

1. 我国设施蔬菜种植与生产概况　我国设施蔬菜的发展非常迅猛，从20世纪90年代中期以来，我国设施蔬菜面积一直稳居世界第一，目前约占世界的90%。设施蔬菜尤其是节能日光温室的快速发展，反季节、超时令蔬菜数量充足、品种丰富，蔬菜周年均衡供应水平大大提高。

2. 蔬菜市场竞争力分析

（1）国内竞争力分析。蔬菜经济效益比较高，一般露地蔬菜每亩纯收入达1 000元左右，大棚蔬菜每亩纯收入达5 000元左右，日光温室蔬菜每亩纯收入达8 000元左右，分别是大田作物的2倍、10倍和16倍左右。蔬菜的生育周期比较短，既可以与粮食等大田作物间作，也可以轮作，互补发展。

（2）国际竞争力分析。

①成本优势。我国劳动力资源十分丰富，劳动力成本相对较低，因此蔬菜生产的成本明显低于发达国家。我国蔬菜价格一般为发达国家的1/10～1/5，成本优势明显。

②资源优势。我国地域广阔，包含了六大气候带，地形、土壤类型多样，几乎世界上所有蔬菜一年四季都能在中国找到其最适宜的生产区域。我国"三北"地区相对暖和、光照好，适宜发展日光温室蔬菜生产，华南以及长江上中游地区是天然的温室，适宜发展露地蔬菜，优势更加明显。

③区位优势。目前我国蔬菜出口集中在日本、韩国、东盟10国以及俄罗斯等国家。我国与这些国家毗邻，交通便捷，区位优势明显。以保鲜洋葱为例，集装箱从美国西海岸，通过海洋运输，到达日本横滨至少需要21天，从山东安丘到日本横滨仅需7天。

二、产品决策

1. 产品策略　在蔬菜产品营销策略方面，主要体现在3个方面。

（1）蔬菜产品组合与品牌化策略蔬菜产品组合指蔬菜产品的各种花色品种的集合。蔬菜产品组合决策受到资源条件、蔬菜产品市场需求以及竞争程度的限制。一般而言，农户受资金与技术限制，适宜专业化生产，这种专业化往往与蔬菜产品基地建设和地区专业化相一致。蔬菜产品品牌策略包括以下几个方面：①品牌化策略，即是否使用品牌。蔬菜产品可以根据有关权威部门制定的统一标准划分质量等级，分级定价，同一等级的蔬菜可视作同质产品。②品牌负责人决策，农业生产者可以拥有自己的品牌，也可使用中间商的品牌，也可二者兼用。在品牌决策与管理过程中，一是要有一个好的品牌名称和醒目易识的品牌标志。二是要提高商标意识，提高品牌质量，注重品牌保护。③加强品牌推广和扩展，树立品牌形象，提高品牌知名度和品牌认知度。

（2）蔬菜产品包装策略蔬菜产品包装可分为运输包装和销售包装，前者便于装卸和运输，后者便于消费。包装材料、技术、方法视不同蔬菜产品而定。蔬菜产品销售包装在实用基础上还要注意造型与装饰，可以突出企业形象，也可以突出蔬菜产品本身，展示蔬菜产品的功用与优势，也可赋予农产品包装文化内涵等。

（3）蔬菜产品开发策略主要是对原有蔬菜产品的改良、换代以及创新，旨在满足市场需求变化，提高蔬菜产品竞争力。①创新蔬菜产品，指新物品发现后成功市场化的蔬菜产品。②改良蔬菜产品，是对原有蔬菜产品的改进和换代。通过育种等手段可改变农作物性状，进而改变蔬菜产品品质。③仿制蔬菜产品，主要是引种、引进利用他人创新或改良的蔬菜产品。

2. 价格策略 蔬菜产品目标市场和市场定位决定蔬菜产品价格高低，面对高收入人群的高档蔬菜产品价格就高些；若蔬菜产品经营组织追求较高利润，价格也会高些；若为了提高蔬菜产品市场份额和生存竞争，蔬菜产品价格会低些。选定最后价格时，还应考虑到声望心理因素、价格折扣策略、市场反应、政府的蔬菜产品价格政策等。随着蔬菜产品市场变化，蔬菜产品价格还应适时调整。蔬菜产品生产过剩或市场份额下降应削价，超额需求和发生通货膨胀时应适当提价。

3. 分销策略 蔬菜产品分销渠道指把蔬菜产品从生产者流转到消费者所经过的环节，蔬菜产品可由生产商直接销售给消费者，即直接营销渠道，或经农业销售专业组织和中间商的间接营销渠道。蔬菜产品不易保存，应尽可能直销。农产品分销渠道可以选择密集分配策略，选择分配策略或独家分销策略。在渠道的选择上，不仅可以走专业、专营的道路，还可以与相关渠道进行合作与互补。

4. 全面质量管理策略　随着"无公害食品行动计划"的深入开展，现在食用无公害蔬菜已成为一种新的消费潮流。人们将更加注重生活保健、吃营养、食保健、回归自然、返璞归真是人类发展的必然。未来的几年内，谁能做好安全无公害蔬菜营销，谁就能在激烈的市场竞争中占有主动。

5. 产品包装标准化　通过包装增值，提高蔬菜产品的包装可以增强市场竞争力。总之，蔬菜产品营销需要在产品、渠道、价格、发展战略等方面创新，塑造差异，将蔬菜产品与服务有机结合起来，实现全面质量管理，提升蔬菜产品的附加值。

三、价格制定

影响价格最终形成的因素有很多，除却产品成本、竞品分析、目标消费者分析以及需求确定等因素以外，还要考虑营销战略、企业目标、政府影响和品牌溢价能力等因素。因此，在确立新品价格的决策过程中，定价应依循以下几个基本步骤：

1. 选择定价目标　价格的确定必须和公司的营销战略相一致，不同时期的营销战略不同，其价格的定制也不相同。一般来说，与新品上市相关的定价目标大致有 4 种。

（1）追求利润最大化。新品是否处有绝对的优势，上市后在激烈的竞争中能否处在有利地位。如果能满足上述条件，那么就可以将追求利润最大化作为定价目标，将价格尽量定得高一些，实现公司以最快的速度收回投资的愿望。但在追求利润最大化的过程中，极有可能会因为品牌溢价能力的限制，导致产品销量增长缓慢。

（2）提高市场占有率。如果推出的新品，主要是为了提高市场占有率，那么采用极富竞争力的价格来打入市场，逐步占领并控制市场的方法显得非常重要。高市场占有率为提高盈利率提供了可靠保证。但在此之前，公司应结合市场竞争状况，确定有利可图的销售目标。

（3）适应价格竞争。在激烈的市场竞争环境中，若市场的领导品牌不断发起价格战，应注意尽可能将新品避开价格战的影响，如不能避开，则应推行适应价格竞争的定价目标，以防止新产品上市之后，就一败涂地。

（4）稳定价格。若产品本身并没有非常突出特点和优势，公司也无意挑起"价格战"，适宜采用中庸的定价目标，稳定价格。

2. 确定需求　一般来说，价格越低、需求越大；价格越高、需求越低。用来估计消费者需求的方法通常用两种。

（1）了解顾客对价格反应。顾客通常会通过比较产品的不同价格以及产品可感知的使用价值或利益来判断自己所支付出的费用。换句话说，就是他花这个钱值不值得。

（2）模拟销售。在新品上市前的一段时间里，将新品投放到不同城市或者是不同销售渠道进行展销或试销，通过实验调查，分析各地区的消费差异，快速了解消费者对价格水平的不同反应。

3. 估计成本　成本包括固定成本和可变成本。估算成本的方法有两种，一种是直接在现有成本的基础上加上公司的目标利润额，简单实用，但这种估算成本的方法忽略了市场的实际需求；另一种是目标成本法，即设法了解顾客愿意为产品支付什么价格，在确保目标利润的前提下，然后逆向的确定产品生产成本，接下来通过竞品分解或与供应商合作，来确定实际目标成本。

4. 分析竞争者的成本、价格和历史价格行为　对于竞争对手的实际成本，越接近于真实的了解，就越有利于制定新品的价格。估计成本的方法也有很多种，常用的是利用逆向工程法，对竞争者的产品进行分解，即将它们拆开，仔细研究各个部件和包装的成本，由此来迅速掌握竞争者实际的生产成本。

5. 选择定价方法

（1）成本导向定价法。该方法以产品成本为定价的基础依据，主要包括加成定价法、损益平衡定价法和目标贡献定价法等。其中以加成定价法最为常用，成本定价法在使用过程中比较容易忽视市场需求的影响，难以适应市场竞争的变化。

（2）竞争导向定价法。该方法以市场上相互竞争的同类产品价格作为定价的基本依据，随同类产品价格的变化对价格进行上下调整。主要包括通行价格定价法和主动竞争定价法等。通行价格定价法是较为常用的一种，它主要是通过与竞争者和平相处，避免激烈竞争产生风险。

（3）需求导向定价法。方法是以消费者的需求情况和价格承受能力作为定价的基本依据，目前，此方法开始受到企业的重视。主要有理解价值定价法和需求差异定价法。

四、促销方式

1. 广告促销　是指商品经营者或者服务提供者，通过一定媒介直接地或者间接地介绍自己所推销的商品或者所提供的服务或观念，属非人员促销方式。其特点为：①信息性，通过广告可以使消费者了解到某类产品的信息。消费者在没有购买之前对产品有了一定的了解，这样对缩短打开市场的时间非常有利。②说服性，广告是人员推销的补充，人员在进行推销时如果先有广告做基础，可加快顾客购买速度，坚定顾客购买的决心。③传播的群体性，广告不是针对某一个人或某一个企业而设计，而是针对某一个受众群体设计的。同时，由于广告是利用某种媒介发布，所以广告的接受者一定是群体而不是个体。④效果显著性，随着人们生活水平的提高，尤其是电视机的普及，人们接触宣传媒体的机会增多、速度加快，一则好的广告会迅速被消费者熟悉并传播开来。

2. 人员销售 是为了达成交易，通过用口头介绍的方式，向一个或多个潜在顾客进行面对面的营销通报。这是一种传统的推销方式，人员销售与其他促销方式相比有点十分显著，所以至今仍是营销企业广泛采用的一种促销方式。其优点表现在：①灵活、针对性强，销售人员直接与顾客接触，针对各类顾客的特殊需要，设计具体的推销策略并随时加以调整，及时发现和开拓顾客的潜在需求。②感召顾客、说服力强，满足顾客需要，为顾客服务是实现产品销售的关键环节。③过程完整，竞争力强，人员销售是从选择目标市场开始，通过对顾客需求的了解，当面介绍产品的特点，例如蔬菜可品尝，可观、闻；也可通过提供各种服务，说服顾客购买，最后促成交易。

3. 营业推广 营业推广是企业为了刺激中间商或消费者购买园艺产品，利用某些活动或采用特殊手段进行非营业性的经营行为。根据营业推广的对象不同，可分为面向中间商的营业推广和面向消费者的推广两种。其特点表现在：①刺激购买见效快。由于营业推广是通过特殊活动提供给顾客一个特殊的购买机会，使购买者感觉到这是购买产品的绝好时机，此时顾客的购买决策最为果断，因此促销见效快。②营业推广的应用范围有一定局限性。营业推广只适用于一定时期、一定产品，因而推广的形式要慎重选择。不同的园艺产品要选用不同的营业推广方式。

4. 公共关系促销 是通过大众媒体，以新闻报道形式来发布所要推广的园艺产品的信息，或以参加公益活动的形式间接展示企业及企业产品的促销方式，是一种非人员促销。主要有：①开展公益性活动。可通过赞助和支持体育、文化教育、社会福利等公益活动树立企业形象。②组织专题公关活动。园艺企业可通过组织或举办新闻发布会、展览会、庆典、联谊会、开放参观等专题活动介绍企业情况，推销商品，沟通感情。例如，某一公司开业或举办庆典活动时，园艺产品营销者可利用自己产品优势免费承担布置装点会场的任务。

案例

蔬菜产销对接直接解决"最后一公里"

在蔬菜价格低迷的市场前提下，浏阳市湘康农业开发有限公司实行一站式服务，在浏阳市城区范围内以电子商务联网形式铺开，市民可从网上订购蔬菜半小时内送货，服务上门，主要减少市民购买蔬菜的中间流通环节，可减少节约购买成本0.8～1元/千克，并配备了农残检测和流动蔬菜超市车辆，将蔬菜产品进入到城内各个小区进行配送；同时有多家酒店和餐馆纷纷加盟与公司销售对接，共同打造无公害绿色主题。该公司进入正常运作模式以来，每天销售无公害蔬菜达到10吨，真正体现公司"产、供、销一条龙"服务体系，使市民得到真正的实惠，同时基地蔬菜产品也提高了经济效益。

思考与训练

1. 设施蔬菜生产基地的"三无"要求是什么？
2. 蔬菜市场预测的六种途径是什么？
3. 如何制定设施蔬菜生产计划？
4. 蔬菜促销的方式主要有哪些？

主要参考文献

程智慧，2010. 蔬菜栽培学总论［M］. 北京：科学出版社．

董树亭，2000. 蔬菜优质高产高效栽培［M］. 北京：中国农业大学出版社．

高丽红，李良俊，1998. 蔬菜设施育苗技术问答［M］. 北京：中国农业大学出版社．

郭世荣，2011. 无土栽培学（第二版）［M］. 北京：中国农业出版社．

郭世荣，2012. 设施作物栽培学［M］. 北京：高等教育出版社．

韩世栋，2006. 蔬菜生产技术［M］. 北京：中国农业出版社．

韩世栋，2010. 出口蔬菜生产与营销技术［M］. 北京市：中国农业出版社．

胡清华，2017. 设施农业机械化的现状与发展［J］. 农业开发与装备，(4)：102.

李式军，郭世荣，2016. 设施园艺学（第二版）［M］. 北京：中国农业出版社．

李天来，2005. 我国日光温室产业发展现状与前景［J］. 沈阳农业大学学报，36（2）：131-138.

刘明池，2018. 我国蔬菜育苗产业的现状和发展趋势［J］. 中国蔬菜，(11)：1-7.

沈磊等，2008. 大棚蔬菜育苗技术［J］. 现代农业科技，4：61-62.

孙茜，王娟娟，2015. 主要设施蔬菜生产和病虫害防控技术［M］. 北京：中国农业科学技术出版社．

王迪轩，谭建华，何永梅，2009. 蔬菜产销技术问答［M］. 北京：化学工业出版社．

王晓梅，刘红艳，周亚荣，2010. 设施农业机械化现状与发展对策［J］. 设施农业装备，(12)：36-37.

吴国兴，1997. 日光温室蔬菜栽培技术大全［M］. 北京：中国农业出版社．

吴远彬，2006. 蔬菜快速育苗技术［M］. 北京：中国农业科学技术出版社．

运广荣，2004. 中国蔬菜实用新技术大全（北方蔬菜卷）［M］. 北京：中国科学技术出版社．

张振贤，2000. 蔬菜优质高产高效栽培［M］. 北京：中国农业出版社．

中央农业广播电视学校，2015. 设施蔬菜生产经营［M］. 北京：中国农业出版社．

左绪金，2019. 我国设施蔬菜产业发展现状［J］. 农业经济，(5)：47.

图书在版编目（CIP）数据

设施蔬菜标准化生产技术/马金翠，张会敏主编
. —北京：中国农业出版社，2022.5
全国农民教育培训规划教材
ISBN 978-7-109-29152-2

Ⅰ.①设… Ⅱ.①马… ②张… Ⅲ.①蔬菜园艺－设施农业－技术培训－教材 Ⅳ.①S626

中国版本图书馆 CIP 数据核字（2022）第 031871 号

中国农业出版社出版
地址：北京市朝阳区麦子店街 18 号楼
邮编：100125
责任编辑：高　原
版式设计：杜　然　　责任校对：刘丽香
印刷：北京中兴印刷有限公司
版次：2022 年 5 月第 1 版
印次：2022 年 5 月北京第 1 次印刷
发行：新华书店北京发行所
开本：720mm×960mm　1/16
印张：14
字数：266 千字
定价：42.00 元